普通高等院校应用型人才培养"十三五"规划教材
本教材承国家自然科学基金委员会资助（项目名称：一种测定月球表面密度的新方法探索与研究；项目批准号：40802083）
本教材承湖北文理学院协同育人专项经费资助

遥感与数字图像处理

主　编　赵　虎　周晓兰
聂　芳　马永俊

U0205733

西南交通大学出版社
·成　都·

图书在版编目（CIP）数据

遥感与数字图像处理 / 赵虎等主编. —成都：西
南交通大学出版社，2019.1（2025.1 重印）
普通高等院校应用型人才培养"十三五"规划教材
ISBN 978-7-5643-6669-8

Ⅰ. ①遥… Ⅱ. ①赵… Ⅲ. ①遥感图像－数字图像处
理－高等学校－教材 Ⅳ. ①TP751.1

中国版本图书馆 CIP 数据核字（2018）第 290798 号

普通高等院校应用型人才培养"十三五"规划教材
遥感与数字图像处理
主编　赵虎　周晓兰　聂芳　马永俊

责 任 编 辑	姜锡伟
封 面 设 计	何东琳设计工作室
出 版 发 行	西南交通大学出版社
	（四川省成都市二环路北一段 111 号
	西南交通大学创新大厦 21 楼）
发 行 部 电 话	028-87600564　028-87600533
邮 政 编 码	610031
网　　　　址	http://www.xnjdcbs.com
印　　　　刷	四川煤田地质制图印务有限责任公司
成 品 尺 寸	185 mm×260 mm
印　　　　张	12.25
字　　　　数	240 千
版　　　　次	2019 年 1 月第 1 版
印　　　　次	2025 年 1 月第 3 次
书　　　　号	ISBN 978-7-5643-6669-8
定　　　　价	34.00 元

课件咨询电话：028-87600533
图书如有印装质量问题　本社负责退换
版权所有　盗版必究　举报电话：028-87600562

前　言

　　遥感技术，作为"3S"技术之一，能大范围、动态、快速、周期性地获取地表信息。其获取的数据广泛应用于各个领域。从可见光遥感、红外遥感到微波遥感再发展到今天的高分遥感（高空间分辨率遥感）和高光谱遥感，从干涉遥感到偏振（极化）遥感，遥感技术开始全面向系统化、定量化发展。在遥感收集数据已经成熟的同时，处理海量数据的遥感数字图像处理软件也日臻完善，知名的软件有 ERDAS，ENVI，PCI，ERMAPPER。这些软件都是对遥感数字图像进行专业处理与分析的极佳软件。

　　本书可作为综合性大学和高等师范院校地学类专业学习遥感知识的教材，也可供摄影测量与遥感、地理科学、地理信息系统等专业的学生阅读与应用。

　　本书主要阐述两方面的内容：第一部分为遥感的理论基础，第二部分为遥感数字图像的处理。

　　在讲解遥感学中的理论基础时，书中穿插了部分著名科学家的逸闻趣事。这样编写的目的是让学生了解世界上著名科学家解决了什么问题，同时了解他们面对困难问题是如何思考、如何解决的，从而诱导或者启发学生按照这种思路去思考问题，或者得以借鉴。目前，很多教材都仅仅限于讲定律本身的内容，而忽视定律从提出到发展、最终成立的发展历史，造成的结果是当今的大学生仅仅知道这些定律本身的内容，对定律的应用和深层含义一无所知。例如"如何测定太阳的温度？"这一问题，很多学过遥感课程的大学生依然回答不了。但如果问学生斯特藩-玻尔兹曼定律是什么，很多学生却能清晰地回答。稍微看看历史，斯特藩恰恰就是使用他的斯特藩-玻尔兹曼定律得到太阳表面温度的，这极大地启发了我们对遥远事物的感知。

　　再比如今天的"太阳常数"一定要在人造卫星上测定，而不能在地球表面测定，这是因为早期的物理学家就犯过这种错误。他们由于都没有考虑到地球上大气对光的吸收，而使"太阳常数"比今天的数值要小一半。如果你知道了这些历史，那么在讨论"太阳常数"时，你就会时时刻刻警惕大气对它的巨大干扰。但如果你不知道这些历史，你就不知道测定"太阳常数"的目的是什么。

第二部分讲解遥感数字图像的处理。这是目前遥感数字图像应用最广泛的问题。大家知道，以前的遥感图像都以像片形式存储、解译，而今天面对计算机技术的迅猛发展，图像都要数字化。怎样处理这些数字化的遥感图像，本书从原始遥感图像的开始接收到最后校正后的遥感影像的应用，从遥感数字图像最初的获取、存储、显示，到最后对遥感影像进行图像校正、图像增强、图像分类，都一一做了明确的阐述，而这些内容也是遥感应用中最基本的内容。

本书在编写过程中参考了多种材料，参加编写的还有浙江师范大学的周晓兰、马永俊同志，以及湖北文理学院的聂芳同志。全书由赵虎统稿。但囿于编者水平，书中还有很多不足之处，还请读者批评指正（意见或建议请发邮件，邮箱地址：Arthur@pku.org.cn）。

最后，感谢国家基金委（项目名称：一种测定月球表面密度的新方法探索与研究；项目批准号：40802083）和湖北文理学院，他们给了我们一笔基金，使我们能安心地工作与写书。

编　者
2018 年 9 月

目　录

第1章　绪　论 ……………………………………………………………… 1

　　1.1　遥感的基本概念 ………………………………………………… 1

　　1.2　遥感的发展历程和趋势 ………………………………………… 1

　　1.3　我国遥感的发展历程 …………………………………………… 4

第2章　电磁辐射与电磁辐射定律 ……………………………………… 8

　　2.1　电磁波的特征 …………………………………………………… 8

　　2.2　电磁波谱 ………………………………………………………… 19

　　2.3　电磁辐射定律 …………………………………………………… 21

　　2.4　太阳辐射及大气对辐射的影响 ………………………………… 38

　　2.5　地球的热辐射与地物的反射波谱特征 ………………………… 48

第3章　遥感数字图像的获取与存储 …………………………………… 53

　　3.1　遥感平台与传感器的特征 ……………………………………… 53

　　3.2　遥感数字图像的获取与数据格式 ……………………………… 60

　　3.3　遥感数字图像的级别与图像特征 ……………………………… 66

第4章　遥感数字图像的统计特征 ……………………………………… 70

　　4.1　数字图像的直方图 ……………………………………………… 70

　　4.2　直方图的线性拉伸 ……………………………………………… 73

　　4.3　直方图的均衡化 ………………………………………………… 75

　　4.4　直方图的规定化 ………………………………………………… 77

　　4.5　单波段图像的统计特征 ………………………………………… 79

　　4.6　多波段图像的统计特征 ………………………………………… 80

第5章　图像的色彩体系与彩色合成 …………………………………… 82

　　5.1　颜色体系 ………………………………………………………… 82

　　5.2　色彩变换 ………………………………………………………… 87

5.3 数字图像的彩色合成 ·· 89

第6章 遥感数字图像的校正 ···································· 93

6.1 辐射传输与辐射校正 ·· 94

6.2 遥感图像的几何纠正 ·· 98

第7章 图像的数据压缩与图像变换 ····················· 107

7.1 主成分变换 ·· 107

7.2 缨帽变换 ··· 108

7.3 傅里叶变换 ·· 112

7.4 滤波器 ·· 118

7.5 同态滤波 ··· 122

第8章 数字图像的滤波 ·· 125

8.1 图像噪声 ··· 125

8.2 图像平滑 ··· 128

8.3 图像锐化 ··· 133

8.4 代数运算 ··· 139

第9章 微波（雷达）遥感 ···································· 143

9.1 雷达遥感与侧视雷达 ·· 143

9.2 合成孔径侧视雷达的数字成像处理 ····················· 151

9.3 干涉合成孔径雷达（INSAR）的基本原理 ·············· 153

9.4 侧视雷达图像的特征 ·· 157

第10章 遥感图像分类与遥感制图 ························· 165

10.1 遥感图像分类概述 ··· 165

10.2 非监督分类 ·· 167

10.3 监督分类 ·· 174

10.4 遥感制图 ·· 176

第11章 高光谱遥感与偏振光遥感 ························· 179

11.1 高光谱遥感的特点 ··· 179

11.2 偏振光遥感 ·· 181

参考文献 ·· 187

第1章 绪 论

1.1 遥感的基本概念

遥感（Remote Sensing）是一种远距离的，不直接接触目标地物，利用地物的电磁波特性进行地物识别的探测技术和方法。它通过对目标进行探测，获取目标地物的特征信息，然后对所获取的信息进行加工处理，从而实现对目标进行定位、定性或定量的描述。

利用从目标反射和辐射来的电磁波，接收从目标反射和辐射来的电磁波信息的设备称之为传感器（Remote Sensor），例如热红外成像仪、摄影相机。而搭载这些传感器的载体称之为遥感平台（Platform），如 U2 侦察机、无人机、人造地球卫星等。由于地面目标的种类及其所处环境条件的差异，同时也由于地面目标物理性质的不同，其反射或辐射不同波长电磁波的能力不同。遥感正是利用这个性质，根据地面不同目标反射或辐射电磁波的特性不同，通过观察和判读目标地物的电磁波信息，来判断所监测的目标地物的物理属性和几何特征。

遥感的应用领域非常广泛，根据其尺度不同，可以应用在大气、海洋和陆地监测方面。从近距离的摄影测量到大范围的陆地、海洋信息的采集，以至全球范围内的环境、气候变化监测，遥感技术都可以发挥巨大的作用。例如：在陆地遥感中，利用遥感技术可以进行全球范围内的植被分布监测、农作物类别和长势监测、环境变化监测，进而制作全球或者局部区域的影像地图，掌握全球范围内的自然环境变化；在海洋遥感中，利用遥感技术可以监测海水温度、海面水位、海水组成、浑浊状态等；在大气遥感中，利用遥感技术可以调查大气中的二氧化碳、甲烷等各种气体的组成，可以监测气团的生成、运动方向、速度，进而进行准确的天气预报。目前，气象数值预报的准确性和精确度如此之高，都是得益于气象卫星的发射。

1.2 遥感的发展历程和趋势

遥感这一名词最早被提出是在 20 世纪 60 年代。最早使用"遥感"一词的是 1960

年美国海军研究局的艾弗林·普鲁伊特（Evelyn. L. Pruitt）。他为了全面概括探测目标的技术和方法，把以摄影方式和非摄影方式获得被探测目标的图像或数据的技术称作"遥感"。1961年，在美国国家科学院（National Academy of Sciences）和国家研究理事会（Nation Research Council）的资助下，"环境遥感国际讨论会"在密歇根大学的Willow. Run实验室召开，遥感一词被正式采用。

遥感根据传感器与地面距离的远近划分为航空遥感和航天遥感。

航空遥感技术主要发展于两次世界大战期间，当时主要应用在军事上。在战争期间，航空摄影成了军事侦察的重要手段，并形成了一定的规模。我们知道，1903年，莱特兄弟发明了人类历史上第一架飞机。1915年年底，世界上就有了第一台航空摄影专用相机，此后航空摄影技术被广泛应用于军事侦察领域。在此之前，人们还用气球、鸽子、风筝等作为摄影平台进行摄影。例如1858年，Gaspard Felix Tournachon用气球拍摄了巴黎的"鸟瞰"照片，可以说是最早的航空摄影。第一次世界大战结束后，航空摄影方法开始应用在地质、土木工程中的勘察和制图，农业中的牧场、土地调查等民用领域也得到应用。第二次世界大战中，随着伪装技术的不断改进，普通的航空照相技术已不能完全准确地获取敌方目标的信息，因此出现了彩色、红外和多光谱照相技术。

航天遥感，又称为卫星遥感，因为传感器搭载在卫星之上，离地面高度至少为400 km，其广泛的应用始于20世纪70年代，这些都得益于人造卫星的成功发射。1957年10月4日，第一颗人造地球卫星在苏联发射成功，这意味着航空遥感开始向航天遥感发展。1958年2月1日，美国发射了第一颗人造卫星——"探险者1号"。我国发射的第一颗人造卫星是"东方红1号"，时间是1970年4月24日。目前，人造卫星已经成为发射数量最多、用途最广、发展最快的航天器件。而在卫星上安装各种传感器，可以用于各种科学探测和研究、天气预报、土地资源调查、土地利用、区域规划、通信、跟踪、导航等各个领域。

下面讲一下美国陆地卫星发展规划。美国陆地卫星计划是目前运行时间最长的地球观测计划。该计划在1966年发起时被称为"地球资源卫星计划（Earth Resources Technology Satellites Program）"。此计划1969年在休斯圣塔芭芭拉研究中心（Hughes Santa Barbara Research Center）启动，该中心率先进行设计和制造3架多光谱扫描仪；同一年，人类登月。9个月后，也就是1970年秋天，陆地卫星需要搭载的多光谱扫描仪（MSS）的原型机完成，并在测试中成功对美国优胜美地国家公园的著名景点"半圆顶"进行了扫描。

1972年美国发射了第1颗地球资源技术卫星ERTS-1，1975年发射了第2颗地球资源技术卫星，由于在第2颗卫星发射前整个计划更名为陆地卫星（LandSat）计划，因此第1颗地球资源技术卫星ERTS-1被称为LandSat-1，第2颗卫星被称为 LandSat-2。1979 年，美国总统吉米·卡特签署 54 号总统令，将此计划从美国国家航空航天局转移到美国国家海洋和大气管理局，建议发展成长期的卫星计划，在陆地卫星 3 号之后追加发射 4 颗卫星，直到 LandSat-7，并建议成立民营的陆地卫星公司。后来在 1985 年，地球观测卫星公司（EOSAT）成立，该公司为美国国家海洋和大气管理局挑选美国休斯飞机公司和 RCA 公司合作成立，双方签下 10 年合约。

该计划原本发射 7 颗卫星后不再发射新的卫星，想用高分辨率卫星取代这种低分辨率的卫星，但在实际应用中，这个计划并没有结束。LandSat-7 是 1999 年 4 月 15 日发射的，至今仍能正常作业，但扫描路线校正器有缺陷（2003 年 5 月发现），影响了影像图的使用。1994 年，美国总统克林顿签署法案，宣布解除 1m 分辨率卫星影像商业销售的禁令。这样在 21 世纪初，大量的高分辨率卫星成功发射并应用于民用商业中。由于高分辨率卫星其地面分辨率（1m）远远优于 Landsat 卫星（15m）的分辨率，因此今天的城市遥感监测都基本上使用 IKONOS、QuickBird、EarthEye 这样的高分影像卫星。

高分影像卫星尽管优势明显，但是由于其数据量庞大，对于大范围陆地监测反而不利，因此 2013 年 2 月 11 日，美国又延续这个计划，发射了陆地卫星 8 号，这是目前此计划最新的卫星。它在美国范登堡空军基地搭载擎天神五号运载火箭 401 型发射成功。该卫星携带陆地成像仪（Operational and Imager，简称"OLI"）和热红外传感器（Thermal Infrared Sensor，简称"TIRS"），它们属于扫描式成像仪。TIRS 是有史以来最先进，性能最好的热红外传感器。TIRS 将收集地球热量流失，目标是了解所观测地带水分消耗，特别是干旱地区水分消耗。它们将持续提供宝贵的地球数据和图像，用于农业、教育、商业、科学和政府领域。

2015 年 4 月，NASA 和 USGS 又正式宣布将继续研发新一代 LandSat-9 号卫星，预期将于 LandSat 卫星计划 50 周年的 2023 年发射并接替 LandSat-8 号的任务。

在美国推行陆地卫星计划的同时，其他国家也开展了自己的对地观测系统研究。例如 20 世纪 80 年代，法国相继发射了 SPOT 系列卫星，欧空局相继发射了 ERS 系列卫星，日本发射了 JERS 系列卫星，印度相继发射了 IRS 系列卫星，俄罗斯发射了 ALMA22 卫星（1996 年）和 RESOURSO2 卫星（1995 年），这些卫星多数已进入商业运行阶段，众多商业遥感卫星的应用使航天遥感技术进入了全面发展和应用的新阶段。

除我们常说的可见光遥感技术外，热红外遥感和微波遥感技术是近十几年来发展起来的具有美好应用前景的两类遥感技术。利用热红外成像技术可以探测到地球表面的温度变化情况，而地球表面的温度又和地表层中的热辐射有关。由于热红外成像技术主要是利用地面目标的热辐射信息来成像，因此可以日夜获得目标的数据，是一种全天时的遥感技术。微波遥感技术是地面目标反射从雷达发射出来的电磁波成像的，由于它采用主动式地向目标发射电磁波的探测方法，并且微波波段不受阴雨天的干扰，因此可以在阴雨天和夜晚成像，也是一种全天候的遥感技术。

随着传感器技术、航空和航天平台技术、数据通信技术的发展，现代遥感技术已经进入一个能够动态、快速、准确、多手段提供多种对地观测数据的新阶段。新型传感器不断出现，已从过去的单一传感器发展到现在的多种类型的传感器，并能在不同的航天、航空遥感平台上获得不同空间分辨率、时间分辨率和光谱分辨率的遥感影像。现代遥感技术的显著特点是尽可能地集多种传感器、多级分辨率、多谱段和多时相技术于一身，并与全球定位系统（GPS）、地理信息系统（GIS）、惯性导航系统（INS）等系统相结合以形成智能型传感器。

目前，通感应用正由定性向定量、静态向动态方向发展。航天遥感影像的空间分辨率已经达到米级，甚至是分米级，例如 QuickBird 卫星，其全色波段影像的分辨率是 0.61 m，等于对 LandSat 卫星影像放大了 25 倍。光谱分辨率已达到纳米级，波段数已增加到数十甚至几百个。卫星的回归周期可达几天甚至十几小时，如 NOAA 的一颗卫星，每天可对地面同一地区进行两次观测。微波遥感已逐渐采用多极化技术、多波段技术及多种工作模式。加拿大 1995 年发射的 RADARSAT、欧空局的 ERS-1、日本的 JERS-I 和印度的 IRS-1C 等卫星中的微波传感器已采用了多极化技术、多波段技术和多种工作模式。

与遥感应用紧密相关的遥感信息处理理论和技术也有了实质性的进展，在遥感信息模型研究方面，已有热扩散系数遥感信息模型、表观热惯量遥感信息模型、土壤含水量遥感信息模型、作物旱灾损失估算遥感信息模型、土壤侵蚀量遥感信息模型、土地生产潜力遥感信息模型、三维海洋温度遥感信息模型、地质构造应力场遥感信息模型等许多成熟的研究成果。

在遥感数据处理软件方面，国际上相继推出了一批高水平的遥感影像处理商业软件包，如加拿大 ERM 公司研制的 ER MAPPER、美国 ERDAS 公司推出的 ERDAS IMAGINE、美国 Exelis Visual Information Solutions 公司的旗舰产品 ENVI 等。所有这些都为遥感影像的快速处理奠定了坚实的基础。

1.3　我国遥感的发展历程

从 20 世纪世界 70 年代开始，我国先后发射了系列返回式遥感卫星。1970 年 4 月 24 日，我国发射了第一颗人造卫星"东方红 1 号"，随后又发射了数十颗不同类型的卫星。太阳同步卫星"风云 1 号"（FY-1A，1B）和地球同步轨道卫星"风云 2 号"（FY-2A，2B）的发射，以及返回式遥感卫星的发射与回收，使我国开展宇宙探测、通信、科学实验、气象观测等研究有了自己的信息源。

1999 年 10 月 14 日，中国-巴西地球资源遥感卫星 CBERS-1 的成功发射，以及后续的中巴地球资源卫星 02 星、02B 星、02C 星的发射，凝聚着中巴两国航天科技人员十几年的心血。它们的成功发射与运行开创了中国与巴西两国合作研制遥感卫星、应用资源卫星数据的广阔领域，结束了中巴两国长期单纯依赖国外对地观测卫星数据的历史，被誉为"南南高科技合作的典范"。2014 年 12 月 7 日，中国和巴西联合研制的地球资源卫星 04 星在太原成功发射升空。同时，"北斗"GPS 定位导航卫星及"清华 1 号"小卫星的成功发射，丰富了我国卫星的类型。随着我国遥感事业的进一步发展，我国的地球观测卫星及不同用途的多种卫星也逐渐形成了观测体系。

自 2006 年开始，我国开始实施《国家中长期科学和技术发展规划纲要（2006—2020 年）》。其中，高分辨率对地观测系统（简称"高分专项"）是此纲要中所确定的 16 个重大专项之一。高分辨率对地观测系统由天基观测系统、临近空间观测系统、航空观测系统、地面系统、应用系统等组成，于 2010 年经过国务院批准启动实施。2013 年 4 月 26 日，首发星"高分一号"在酒泉卫星发射中心成功发射。计划至 2020 年前后建成全系统。中国高分辨率对地观测系统工程将统筹建设基于卫星、平流层飞艇和飞机的高分辨率对地观测系统，完善地面资源，并与其他观测手段结合，形成全天候、全天时、全球覆盖的对地观测能力。

高分辨率对地观测系统计划发射 9 颗卫星，是分别用于农业、城市、环保等部门的卫星系列。到目前为止，该计划已经成功发射 8 颗卫星，这样基本打造出新一代高分辨率对地观测系统。可以说，"高分专项"是一个非常庞大的遥感技术项目，在这些卫星中，"高分一号"为光学成像遥感卫星；"高分二号"也是光学遥感卫星，但全色和多光谱分辨率比一号分别都提高一倍，达到了 1 m 全色和 4 m 多光谱；"高分三号"为 1 m 分辨率的雷达遥感；"高分四号"为地球同步轨道上的光学卫星，全色分辨率为 50 m；"高分五号"是高光谱遥感卫星，不仅装有高光谱相机，而且拥有多部大气环境和成分探测设备，如可以间接测定 PM2.5 的气溶胶探测仪；"高分六号"的载荷性能与"高分一号"相似；"高分七号"则属于高分辨率空间立体测绘卫星。"高分"系列卫星覆盖了从全色、多光谱到高光谱，从可见光到雷达，从太阳同步轨道到地球同步轨道等多种类型，构成了一个具有高空间分辨率、高时间分辨率和高光谱分辨率能力的对地观测系统。

表 1-1 是我国高分卫星发射时间与搭载的传感器列表。

从传感器和获取的影像数据来看，高分一号卫星所获取的影像数据包括 2 m 分辨率全色（黑白）/8 m 分辨率多光谱（彩色）的数据，以及 16 m 分辨率多光谱宽幅（200 km）影像。高分二号（GF-2）卫星比高分一号卫星分辨率更高，其空间分辨率优于 1 m，搭载两台高分辨率 1 m 全色、4 m 多光谱相机，具有亚米级空间分辨率、高定位精度和快速姿态机动能力等特点，有效地提升了卫星综合观测效能，达到了国际先进水平。高分二号是我国目前分辨率最高的民用陆地观测卫星，星下点空间分辨率可达 0.8 m，标志着我国遥感卫星进入了亚米级"高分时代"。这些卫星获得的数据，可以大量应用在国土资源部、住房和城乡建设部、交通运输部和国家林业局等部门，同时还将为其他用户部门和有关区域提供示范应用服务。

表 1-1　高分影像卫星系列发射时间表

发射时间	星名	传感器
2013-04-26	GF-1	2 m 全色/8 m 多光谱/16 m 宽幅多光谱
2014-08-19	GF-2	1 m 全色/4 m 多光谱
2016-08-10	GF-3	1 m C-SAR
2015-12-09	GF-4	50 m，地球同步轨道凝视相机
2018-05-09	GF-5	可见短波红外高光谱相机 全谱段光谱成像仪 大气气溶胶多角度偏振探测仪 大气痕量气体差分吸收光谱仪 大气主要温室气体监测仪 大气环境红外甚高分辨率探测仪
2018-06-02	GF-6	2 m 全色/8 m 多光谱/16 m 宽幅多光谱
计划 2019 年	GF-7	高空间分辨率立体测绘
2015-06-26	GF-8	光学遥感卫星
2015-09-14	GF-9	亚米级光学遥感卫星

　　高分三号卫星为 1 m 分辨率雷达遥感卫星，也是中国首颗分辨率达到 1 m 的 C 频段多极化合成孔径雷达（SAR）成像卫星，由中国航天科技集团公司研制。高分四号运行在距地 36 000 km 的地球静止轨道上，与此前发射的运行于低轨的高分一号、高分二号卫星组成星座，具备高时间分辨率优势。高分四号卫星是中国第一颗地球同步轨道遥感卫星，采用面阵凝视方式成像，具备可见光、多光谱和红外成像能力，可见光和多光谱分辨率优于 50 m，红外谱段分辨率优于 400 m，设计寿命 8 年，通过指向控制，可实现对中国及周边地区的观测。

目前，"高分专项"累计分发数据约 1 500 万景，数据量超过我国以往遥感卫星历史数据总和，已全面进入了各主要应用领域。由于"高分专项"的实施和高分数据的应用，近年来在我国国内市场，国外卫星数据价格大幅度降低，分辨率低于 2 m 的国外卫星数据已基本退出国内市场。总之，高分辨率对地观测系统的实施，将为中国现代农业、防灾减灾、资源环境、公共安全等重要领域提供信息服务和决策支持，满足国家经济建设和社会发展需求，对于促进中国空间基础设施建设，培育卫星应用企业集群和产业链，推动卫星应用和战略性新兴产业发展具有重大意义。

第2章 电磁辐射与电磁辐射定律

不同类型的地物具有反射或辐射不同波长电磁波的特性，遥感技术就是利用不同地物反射和辐射电磁波的不同特性来探测地面目标的。因此，关于电磁波辐射的基本原理就成为遥感技术的理论基础。本章详细讲述电磁辐射定律。

2.1 电磁波的特征

2.1.1 电磁波的概念与波动说

电磁振动的传播是电磁波，是能量传递与释放的一种方式。该学说最早是惠更斯提出的。为直观起见，以最简单的绳子抖动为例，在绳子的一端上下振动，振动就会沿绳子向前传播。从整体看，振动给人的感觉是波峰和波谷不断向前运动，但实际上，绳子上的质点仅仅做上下运动，而并没有向前运动。可见波动是各质点在平衡位置振动而能量向前传播的一种现象。

如果质点的振动方向与波的传播方向相同，称为纵波。例如弹簧的振动，振动方向与波的传播方向相同。声波也是一种纵波。若质点振动方向与波的传播方向垂直，称为横波。如上述绳子的抖动产生的波。水波也是横波。电磁波是典型的横波，而且比水波、机械波复杂。在电磁波中，电场的振动与磁场的振动方向都与电磁波的传播方向垂直。

根据几何原理，过一点且垂直于某一直线的直线有无数条，但过一点且垂直于某一直线的平面有且仅有一个。实际上这些无数条直线的集合就是这个平面。因此，垂直于电磁波的传播方向的直线可以很多，这些直线的方向可以代表电磁波电场的振动方向。在电磁波中，电场可以在这个平面内各个方向振动，这种现象造成了电磁波的复杂性。

如果在电磁波中，电场的振动方向固定为某一特定方向，其他方向没有振动，那么这样的电磁波就是最简单的电磁波。这种电磁波称为线偏振电磁波。如果电磁波在这个平面内的不同方向都有振动，电场的振幅大小不相等，那么会形成偏振现象，或称为极化现象。在英语中，偏振和极化是共用同一个英语单词（polarization）的。实际上只要是横波，都存在偏振现象，只是人们必须借助仪器才能觉察到偏振现象的存在。图 2-1 为电磁波的传播示意图。

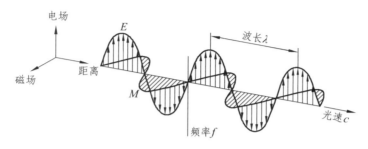

图 2-1　电磁波的传播示意

惠更斯（克里斯蒂安·惠更斯，Christiaan Huygens，1629 年 4 月 14 日—1695 年 7 月 8 日），荷兰物理学家、天文学家和数学家，土卫六的发现者。他还发现了猎户座大星云和土星光环。

惠更斯是波动学说的创立者。在光学方面，他创立了光的波动说，并把以太作为光传播的介质，在《光论》一书中提出了惠更斯原理，解释了冰洲石的双折射现象。但由于同时代的牛顿名气要比他大，因此波动说在很长一段时间内没有得到应有的重视，直到 1800 年以后，才引起物理学家的重视。

惠更斯出生在海牙，其父康斯坦丁·惠更斯（Constantine Huygens，1596—1687）为外交家，是数学家笛卡儿的朋友，家境富裕。惠更斯 16 岁后进入莱顿大学学习法律与数学，两年后又转到布雷达的奥兰治学院（Orangecollege）继续学习，学生时代他接受过笛卡儿的指导。1651 年，他发表了第一篇论文，内容为求解曲线所围区域的面积；1655 年成为法学博士；1663 年成为英国皇家学会会员；1666 年成为荷兰科学院院士，同一年在路易十四的邀请下成为法国皇家科学院院士。利用巴黎天文台（1672 年竣工），他进一步进行了天文观测。

1684 年，他出版了 *Astroscopia Compendiaria*，介绍了他新发明的空中望远镜（Aerial telescope）。1695 年 7 月 8 日，惠更斯死于海牙，被埋葬在 Grote Kerk 大教堂。他指导过莱布尼兹学习数学，与牛顿等人也有交往，终生未婚。

惠更斯一生研究成果丰富，在多个领域都有所建树，许多重要著作是在他逝世后才发表的。在数学方面，他在布莱兹·帕斯卡鼓励之下，1657 年发表了《论赌博中的计算》，被认为是概率论诞生的标志。同时对二次曲线、复杂曲线、悬链线、曳物线、对数螺线等平面曲线都有所研究。他还发现旋轮线也是最速降线。

在《摆式时钟或用于时钟上的摆的运动的几何证明》《摆钟论》等论文中，惠更斯提出了钟摆摆动周期的公式：$2\pi\sqrt{l/g}$。1656 年，他设计并制造出了利用摆取代重力齿轮的摆钟。他还研究了完全弹性碰撞，证明了碰撞前后能量和动量的守恒。研究成果在其死后发表于《论物体的碰撞运动》一文中。

在天文学方面，惠更斯研究了透镜的相关物理原理，并发明了惠更斯目镜。1655 年，惠更斯提出，土星被一个坚硬的环围住，一个薄又扁，向黄道倾斜的环。他用自制的折射望远镜，首次发现了土星的卫星——土卫六；同年，惠更斯观察到了猎户座大星云并将它画了下来。1659 年，他的画被公布在 *Systema Saturnium* 上。1659 年，惠更斯利用自己磨制的望远镜，发现了土星的光环。他用他自制的望远镜成功地把星云分成不同的恒星。惠更斯还发现了几个星云和一些双星。

2.1.2 电磁波与麦克斯韦方程

1845 年，关于电磁现象的三个最基本的实验定律——库仑定律（1785 年）、毕奥-萨伐尔定律（1820 年）、法拉第定律（1831—1845 年）已被总结出来，法拉第的"电力线"和"磁力线"概念已发展成"电磁场概念"。

1855 年至 1865 年，麦克斯韦在全面审视库仑定律、毕奥-萨伐尔定律和法拉第定律的基础上，把数学分析的方法带进了电磁学的研究领域，由此诞生了麦克斯韦方程。麦克斯韦方程如下：

$$\begin{cases} \oiint_s D \cdot dS = q_0 \\ \oiint_s B \cdot dS = 0 \\ \oint_L E \cdot dl = -\iint_s \frac{\partial B}{\partial t} \cdot dS \\ \oint_L H \cdot dl = I_0 + \iint_s \frac{\partial D}{\partial t} \cdot dS \end{cases}$$

1864 年，麦克斯韦在安培、法拉第等人的研究基础上，发表了论文《电磁场的动力学理论》，提出电场和磁场以波的形式，并且以光速在空间中传播，并提出光是引起同种介质中电场和磁场中许多现象的电磁扰动，同时从理论上预测了电磁波的存在。

麦克斯韦认为：当电磁振荡进入空间时，变化的磁场激发了涡旋电场，变化的涡旋电场又激发了涡旋磁场，使电磁振荡在空间以波的形式向外不断传播，这就是电磁波。这个波动过程可以用麦克斯韦方程组来描述。

早在 1855 年时，麦克斯韦就已经研究电学和磁学。该年，他向剑桥哲学学会提交了《论法拉第力线》。在这篇论文中，他提出了法拉第在电学与磁学方面实验研究成果的数学模型，并阐述了电与磁这两种现象之间的关系。后来，他又将当时的电与磁之间已有的研究成果整理为由 20 个方程组成的微分方程组。这一成果 1861 年在《论物理力线》中发表。同时，麦克斯韦基于法拉第提出的力线的概念引入了电磁场的概念。通过将粒子间的电磁作用看作粒子通过它们在周围建立起的场进行，麦克斯韦对于光的研究更进一步。

1862 年，麦克斯韦利用已有的实验数据通过计算发现，电场传播的速度与当时测得光速非常接近。他认为这不只是一个巧合。在 1862 年发表的《论物理力线》第三部分中，他写道："我们难以回避这一推断，光与同种介质中引起电磁现象的横波具有一致性。"

经过对这一问题的后续研究，麦克斯韦提出了电磁波方程。这一方程从理论上预言了当时还未发现的，由交变电磁场激发的电磁波的存在。这种波在空间中的传播速度可以通过电学实验结果进行测算。利用当时已得到的实验数值，麦克斯韦得出这一速度为 3.107×10^8 m/s。这与当时阿曼德·斐索和莱昂·傅科测算的光速数值非常接近。在他 1864 年发表的论文《电磁场的动力学理论》中，他写道："这些结果的一致性似乎表明，光与磁是同一物质的两种属性，而光是按照电磁定律在电磁场中传播的电磁扰动。"

麦克斯韦方程组较为完善的形式最早出现在 1873 年出版的《电磁通论》中。这部专著主要在他辞去伦敦职位和担任卡文迪许实验室教授之间的赋闲时期完成。麦克斯韦以四元数的代数运算去表述电磁场理论，并将电磁场的势作为其电磁场理论的核心。

1881 年，奥利弗·亥维赛以"力"取代"势"作为电磁学理论的中心，降低了麦克斯韦理论的复杂程度，并将方程组化为现今所知的形式。他认为以"势"来分析电磁场的方法具有任意性，应当废止。不过运用标量势和矢量势来解麦克斯韦方程组是现今通用的解法。几年后，黑维塞和彼得·格思里·泰特就矢量分析和引入四元数两种方法在对电磁场的研究中的相对优越性进行了争论。争论的结果是如果场是纯定域的，并且利用矢量分析已经对于问题给出较好的解答时，则不必引入四元数的概念，尽管这一概念可能有更为深远的物理意义。

麦克斯韦的电磁学方程组，以及他将光与电磁学理论进行定量联系的创举也被认为是 19 世纪数学物理学最伟大的成就之一。

詹姆斯·克拉克·麦克斯韦（James Clerk Maxwell，1831年6月13日—1879年11月5日），苏格兰数学物理学家。其最大功绩是提出了将电、磁、光统一为电磁场中的麦克斯韦方程组。麦克斯韦在电磁学领域的功绩实现了物理学自艾萨克·牛顿后的第二次统一。麦克斯韦被普遍认为是19世纪物理学家中，对20世纪初物理学的进展影响最为巨大的一位。他的科学工作为狭义相对论和量子力学打下了理论基础，是现代物理学的先声。有观点认为，他对物理学的发展做出的贡献仅次于艾萨克·牛顿和阿尔伯特·爱因斯坦。在麦克斯韦百年诞辰时，爱因斯坦盛赞麦克斯韦，称其对于物理学做出了"自牛顿时代以来的一次最深刻、最富有成效的变革"。

麦克斯韦1831年生于爱丁堡。其父詹姆斯·克拉克是一名辩护律师，家境殷实。麦克斯韦自幼就对这个世界保持着难以抑制的好奇心。那些能运动、发光或发出声音的东西都会引起他的好奇。在1834年一封给他的姨母简·凯写的一封信中，他的母亲写到了他这种与生俱来的求知欲："他对于门、锁、钥匙这些东西都非常感兴趣，'告诉我它为什么会这样？'一直挂在他的嘴边。"

麦克斯韦的母亲承担了他的早期教育。而对于孩子的早期教育在维多利亚时代被认为是家庭妇女的一项职责。他的母亲已经认识到当时尚年幼的麦克斯韦的潜质。然而，她却因胃癌在麦克斯韦8岁时离世。之后对于他的教育就由他的父亲和姨母简接手。他们二人都对他的一生起到了至关重要的作用。他的正规教育是在他父亲聘请的家教指导下开始的。但这一开端并不成功。这位家教对他十分刻薄，并且常责骂他迟钝、任性。他的父亲1841年11月辞退了这位家教，然后经过认真考虑将麦克斯韦送到负有盛名的爱丁堡公学就读。在学校期间，他住在他的姨母伊萨贝拉的家中。这一时期，他的表姐杰迈玛激发了他对于绘画的热爱。

麦克斯韦直到10岁一直住在乡下的庄园，未见世事。这令他初入爱丁堡公学时并不能融入学校的环境。由于当时一年级的学生名额已满，他不得不在入学时即进入二年级，与比他年长一岁的学生一起学习。他的举止和浓重的口音被他的同学认为非常土气。由于入学第一天时衣着非常粗陋，他被起了难听的绰号。但他似乎并没有因此而怨恨任何人，并默默忍受多年。后来他与刘易斯·坎佩尔以及彼得·格思里·泰特成为朋友。这两位后来都成了知名学者，并成为麦克斯韦一生的挚友。

麦克斯韦少年时期即展现出了对几何学的研究热情。在学习相关知识之前，他即对正多面体进行了研究。他在公学前几年的学习成绩并不突出。这一情况一直维持到 13 岁。该年，他获得了校内的数学奖和英语以及诗歌的一等奖。但此时的麦克斯韦的兴趣早已超出学校所要求的范围，并不十分关注考试成绩。14 岁时，他写了第一篇科学论文《卵形线》（*Oval Curves*）。其中，他描述了用一根线绳绘制曲线的方法，并探讨了椭圆、笛卡儿卵形线和其他具有两个或两个以上焦点的曲线的特性。由于麦克斯韦年龄太小而被认为没有提交个人科学成果的资格，他的这篇论文由爱丁堡大学的自然哲学教授詹姆斯·大卫·福布斯呈示给爱丁堡皇家学会。此外，这篇论文内容也并非完全原创，如勒内·笛卡儿早已于 17 世纪即研究了多焦点椭圆的特性，麦克斯韦做的只是将理论进行简化。

麦克斯韦 1847 年自爱丁堡公学毕业，进入爱丁堡大学就读。他本来有就读剑桥大学的机会，但在第一学期后决定在爱丁堡大学完成本科学业。爱丁堡大学汇聚了一些当时学术界的名人，比如麦克斯韦第一年的导师中即有威廉·哈密顿从男爵（主教逻辑学和形而上学）、菲利普·凯兰（主教数学）以及詹姆斯·大卫·福布斯（主教自然哲学）。他觉得爱丁堡大学安排的课程要求并不严苛，因此在空闲时间里通过自学来充分充实自己。尽管实验条件简陋，他还是投入了大量精力于偏振光的研究上。他对一系列明胶块施加不同的应力，然后将偏振光照射于其上，发现凝块中出现了彩色条纹，即光弹性现象。利用光弹性，人们可以确定物体中的应力分布。

麦克斯韦 18 岁时向爱丁堡皇家学会的会报提交了两篇论文。第一篇是《论弹性固体的平衡态》（*On the Equilibrium of Elastic Solids*）。在这篇论文中，他探讨了在剪应力作用下，黏稠液体会出现的双折射现象，这为他后来一项重要的发现打下理论基础。另一篇是《滚线》（*Rolling Curves*）。而正如他在爱丁堡公学时的经历，此次，他再次因为年纪太小而被认为没有提交科学成果的资格。他的论文由他的导师凯兰代为提交。1850 年 10 月，数学造诣已颇深的麦克斯韦离开苏格兰前往剑桥大学。起初，他就读于彼得学院。但在第一学期末前，为了在毕业后能更顺利地留校成为评议员，他转入三一学院。在三一学院，他获选加入了剑桥大学秘密的精英社团，剑桥使徒。1851 年 11 月，他开始在有"数学伯乐"（senior wrangler-maker）之称的威廉·霍普金斯指导下学习。

1854 年，麦克斯韦自三一学院毕业取得数学学位。他在结业考试中名列第二，仅次于爱德华·劳思。他与劳思一同获得该年的史密斯奖。不久后，麦克斯韦向剑桥哲学学会宣读了他的论文《论曲面的弯曲变换》（*On the Transformation of Surfaces by Bending*）。这是他少有的一篇纯数学的论文。麦克斯韦决定留在三一学院，并提出评议员资格的申请。当时他预计取得这一资格需要花费几年的努力。而基于他作为研究生时所取得的成就，除了需要负责一些教学和考核方面的工作外，他可以有大量空闲时间从事感兴趣的领域的科学研究。

麦克斯韦在爱丁堡大学时期即对颜色的性质及对它的感知有浓厚的兴趣。在他1855年的论文《有关颜色的实验》（*Experiments on Color*）中，麦克斯韦阐述了颜色组合原理。1855年3月，这篇论文由他本人提交至爱丁堡皇家学会。1855年10月10日，麦克斯韦成为三一学院的一名评议员，然后他被要求讲授流体静力学和光学方面的课程，并出这些科目的考题。

1856年2月，福布斯推荐他申请位于阿伯丁的马歇尔学院刚出缺的自然哲学教授职位。麦克斯韦的父亲帮助他准备了必要的推荐信，但遗憾的是，在知道他是否成功前，即于当年4月2日在格伦莱尔离世。1856年11月，麦克斯韦接受了马歇尔学院的教授职位，离开了剑桥。

在成为马歇尔学院的教授时，麦克斯韦仅仅25岁，要比其他的教授至少年轻15岁。作为一名系主任，他对列出教学大纲以及准备相关课程方面的工作十分尽职尽责。此时，他专注于解决一个当时已经困扰科学家两百余年的问题：土星环的性质。它能保持稳定而未裂解，并且能在土星周围，既未飘远，又未撞向土星，这在当时是一个谜团。由于剑桥大学圣约翰学院1857年将其设为亚当奖的悬赏问题，这一问题在当时受到特别关注。麦克斯韦花了两年时间来研究这一问题。他证明如果土星环是固体的话，那么它不会稳定；而如果是气体的话，它也会因为波的作用而裂解。因而，他得出土星环是由有各自环绕土星运动轨道的大量的小颗粒构成的结论。1859年，他因论文《论土星环运动的稳定性》（*On the stability of the motion of Saturn's rings*）而获得亚当奖。这篇论文是当时参评论文中将问题论述清楚的唯一的一篇。而他翔实而有力的论述被乔治·比德尔·艾里誉为他所见过的"在物理学中运用数学的范例之一"。而麦克斯韦的理论预测最终在20世纪80年代旅行者计划中对于土星的观测时被验证。

1857年，麦克斯韦与当时马歇尔学院的校长丹尼尔·杜瓦牧师成为朋友，并由此结识了杜瓦的女儿凯瑟琳·玛丽·杜瓦。詹姆斯和凯瑟琳1858年2月订婚，并在同年的6月2日于阿伯丁完婚。在婚姻记录中，麦克斯韦被登记为"阿伯丁马歇尔学院自然哲学教授"。凯瑟琳比麦克斯韦大7岁。她为麦克斯韦黏性方面的研究提供了帮助。

1860年，马歇尔学院与邻近的阿伯丁国王学院合并成立阿伯丁大学。在合并后，自然哲学教授职位只有一个。麦克斯韦尽管在当时科学界已有一定的声望，仍不得不离职。而他也没能成功申请爱丁堡大学刚刚出缺的自然哲学教授职位。最终，麦克斯韦成了伦敦国王学院的自然哲学教授。这年夏天，在令他几乎丧命的天花康复后，麦克斯韦与他的妻子启程南行前往伦敦。

麦克斯韦在伦敦国王学院执教的这段时间可能是他整个职业生涯最为高产的

一个时期。1860 年，他因在色彩学方面的研究而获得皇家学会的伦福德奖章，后于 1861 年获选进入皇家学会。在这一时期，他展示了世界上第一张耐光的彩色照片，进一步发展了他的气体黏性理论，并发展了能用来分析物理量间关系的量纲分析。麦克斯韦还经常出席皇家科学研究所的公众讲座。在那里，他与迈克尔·法拉第进行定期交流。但两人关系谈不上亲密，因为法拉第比麦克斯韦年长整整 40 岁，并且在当时已经有出现失智症的迹象。然而，他们依旧保持对彼此才华的敬重。

麦克斯韦在这一时期尤为重要的成就是他对电磁学领域研究的推进。在他 1861 年发表的分为两部分的论文《论物理力线》中，他考察了电场与磁场的性质。在论文中他提出了能用来解释电磁感应现象的理论模型，分子涡流理论。1862 年年初论文再版时，麦克斯韦又增补了两部分。在增补的第一部分中，他探讨了静电场的性质和位移电流。在增补的第二部分中，他探讨了偏振光的偏振方向会在外磁场作用下发生改变的现象，即法拉第效应。

1865 年，麦克斯韦辞去伦敦国王学院的职位，与妻子凯瑟琳回到了格伦莱尔。在 1870 年发表的《论可易图形、框架以及力图》(*On reciprocal figures, frames and diagrams of forces*) 中，他探讨了不同承重结构的刚度。他还撰写了教材《热学》(*Theory of Heat*)（1871 年）以及专著《物质与运动》(*Matter and Motion*)（1876 年），并成为明确使用量纲分析方法的第一人。

1871 年，他成为首任卡文迪许教授，被委任监督卡文迪许实验室的发展。实验室一砖一瓦的建设以及一件件仪器的购置都经过他的监管。麦克斯韦晚年对于科学做出的最大贡献之一，就是抄写并编辑整理了亨利·卡文迪许所遗留下的实验资料。这些资料包含了卡文迪许对地球密度以及水的微观物质构成的探究。

麦克斯韦 1879 年 11 月 5 日因胃癌在剑桥逝世，享年 48 岁。他的母亲也是在相同的年龄因为同种癌症而去世的。麦克斯韦被葬于离他长大的地方非常近的帕顿。由他终生挚友刘易斯·坎佩尔为他作的翔实的传记《詹姆斯·克拉克·麦克斯韦的一生》(*The Life of James Clerk Maxwell*) 在 1882 年出版。他的两卷本著述集在 1890 年由剑桥大学出版社出版发行。

2.1.3　赫兹验证了电磁波的存在

1862 年，麦克斯韦预言了电磁波的存在。这是物理学史上一次惊人的预言，但是这仅仅是理论上的一种推导，或者说是一种猜想，因为谁也没有看到电磁波，也没有没有人能够证明电磁波的存在。所以当时绝大多数物理学家甚至物理学界的著名学者，对此都持怀疑、否定的态度。

1879 年冬，德国柏林科学院颁布了一项科学竞赛奖，以重金向当时科学界征求对麦克斯韦部分理论的证明。赫兹的导师亥姆霍兹对赫兹说："这是一个很困难的问题，也许是本世纪最大的一个物理难题，你应该闯一闯！"赫兹欣然接受了导师的建议。从此，麦克斯韦的电磁理论一直盘旋在赫兹的脑海之中。

　　1888 年的一个夜晚，赫兹在他的实验室里证实了电磁波的存在。赫兹制作了一个简单的电火花发生器——两个相隔很近的小铜球、一个感应线圈（图 2-2）。当他将电路开关闭合时，电的魔力开始在这个简单的系统里展现出来：无形的电流穿过装置里的感应线圈，并开始对铜球进行充电。过了一会儿，随着"啪"的一声，一束美丽的蓝色电花在两个铜球之间爆开，细小的电流束在空气中不停地扭动，绽放出幽幽的荧光——铜球之间的空气被击穿了，本来缺个小口的系统形成了一个完整的回路。

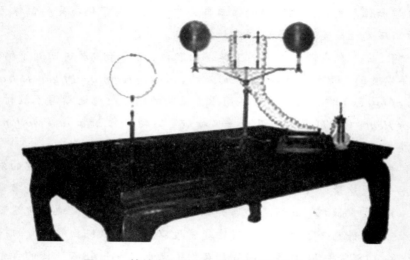

图 2-2　赫兹实验中产生和接收电磁波的设备

　　然而，产生火花短路并不是这个实验的目的。赫兹心里琢磨着：如果电磁波确实存在的话，那么在两个铜球之间就应该产生一个振荡的电场，同时引发一个向外传播的电磁波。赫兹转过头去，在身旁放置了一个开口的铜环，在开口处也各镶了一个小铜球。如果麦克斯韦的电磁波真的存在，那么它就会穿越这个房间到达这里，在铜环处会感生一个振荡的电动势，开口处的铜球间也会发出电火花来。

　　拉上房间的窗帘，赫兹一动不动地等待着。忽然，铜环处出现异样，两个铜球之间的空气中飘浮出微弱的火花，淡蓝色的电花在铜环的缺口处，不断地绽开。整个铜环，既没有连接电池也没有任何的能量来源。电火花的出现无疑证明了电磁波真实地存在，正是电磁波激发了接收器上的电火花。

　　此后，赫兹又以精密的实验，集中精力研究这些电波。每一次实验他都记下它们的路线、长度，以及反射和曲折。他发现了许多电磁波的有趣现象：这些神秘电波的速度和光速一样快；它可以毫无阻碍地迅速通过很厚的墙壁或高山，但却透不过金属片。这些电磁波的巧妙实验证明了光含有电磁波的性质，因而启发了科学家们对光和电的重新认识，开辟了无线电时代的新纪元，为意大利科学家马可尼的无线电发明铺平了道路。赫兹实验不仅证实了麦克斯韦的电磁理论，更为无线电、电视和雷达的发展找到了途径。

根据现代物理学我们已经知道，生活中无处不存在电磁波。凡是高于绝对零度的物体，都会辐射电磁波，且温度越高，辐射放出的电磁波波长就越短。正像人们一直生活在空气中而眼睛却看不见空气一样，除光波外，人们也看不见无处不在的电磁波。电磁波是由同相振荡且互相容纳的电场与磁场在空间中以波的形式移动，其传播方向垂直于电场与磁场构成的平面，能有效地传递能量和动量的波。频率是电磁波的重要特性。按照频率的顺序把这些电磁波排列起来，就是电磁波谱。如果把每个波段的频率由低至高依次排列的话，它们是无线电波、微波、红外线、可见光、紫外线、X 射线及 γ 射线。人眼可接收到的电磁波，波长一般在 380~780 nm 之间，称为可见光。电磁波不需要依靠介质传播，各种电磁波在真空中速率固定，速度为光速。

海因里希·鲁道夫·赫兹（1857 年—1894 年），德国物理学家。赫兹对人类最伟大的贡献是用实验证实了电磁波的存在。此外，赫兹还发现电磁波与光同速，揭示了光的本质是电磁波，为争论已久的光本性问题下了定论。为了纪念赫兹的功绩，后人把频率的国际单位命名为赫兹。

1857 年 2 月 22 日，赫兹出生在德国汉堡的一个犹太家庭。他小时候想当一名建筑工程师，于是到慕尼黑去求学。1878 年，他偶然在柏林听了著名物理学家亥姆霍兹的演讲，改变了原来的求学初衷，开始对物理学、电学产生了浓厚兴趣，因此进入了柏林大学学习物理。1880 年，赫兹从柏林大学毕业，发表了论文《电运动的功能》。亥姆霍兹很赏识他，将他选为自己的助手。

1865 年前后，麦克斯韦曾预言电磁波的存在，却没有能用实验来验证。1884 年，赫兹在导师亥姆霍兹的鼓励下，开始研究麦克斯韦的"电磁说"，想在电磁研究上有所突破。1888 年，年仅 31 岁的赫兹在他的实验室里证实了电磁波的存在，为 19 世纪无线电的推广和应用提供了理论基础。

此外，赫兹又做了一系列实验。他研究了紫外光对火花放电的影响，发现了光电效应，即在光的照射下物体会释放出电子的现象。这一发现，后来成了爱因

2.1.4　电磁波的波粒二象性

　　在牛顿和惠更斯时代人们对光的认识，更倾向于牛顿的微粒说，而不承认惠更斯的波动说。而在 19 世纪初，在菲涅尔等人的研究下，人们在发现光的干涉现象和衍射现象以后，物理学家又走向了另外一个极端，即只承认光具有波动性，而不具有粒子性。到了 19 世纪末期，赫兹在实验室发现光电效应，即在高于某特定频率的电磁波照射下，某些物质内部的电子会被光子激发出来而形成电流，即光生电现象。这用惠更斯的波动说是无法解释的。

　　波动说认为，波在传递能量时，其能量与波的频率无关。但是在光电效应下，低于某一频率的光无论照射多长时间，都不产生电流，而在高于某一频率的电磁波照射下，却产生电流。这显然说明电磁波在传递能量时与频率有关。其次还有一个现象与光的波动性相矛盾，即光电效应的瞬时性，按照波动性理论，如果入射光较弱，照射的时间要长一些，金属中的电子才能积累起足够的能量，飞出金属表面。可事实是，只要光的频率高于金属的极限频率，光的亮度无论强弱，电子的产生都几乎是瞬时的。这在当时，引起了很多物理学家的困惑。此时爱因斯坦大胆假设，即在认为电磁波具有粒子性的假设下，可以解释光电效应，并给出光电效应方程：

$$\Delta E = h\nu - \frac{1}{2}mv^2$$

　　按照粒子说，光是由一份一份不连续的光子组成的，当某一光子照射到对光灵敏的金属（如硒）上时，它的能量可以被该金属中的某个电子全部吸收。电子吸收光子的能量后，动能立刻增加；如果动能增大到足以克服原子核对它的引力，就能在十亿分之一秒的时间内飞逸出金属表面，成为光电子，形成光电流。

　　光电效应说明了光具有粒子性。相对应的，光具有波动性最典型的例子就是光的干涉和衍射。同样，电磁波既表现出波动性，又表现出粒子性，即波粒二象性。连续的波动性与不连续的粒子性是相互排斥、相互对立的，但两者又是相互联系的。粒子性表现了电磁波的个体性质，而波动性变现了电磁波的群体性质。

1. 波动性

电磁波的波动性可用波函数来描述，波函数是一个时空周期性函数，其表达式如下：

$$X = A\sin(\omega t + \varphi)$$

其中：X 为波函数；A 为振幅；ω 为角频率；t 为时间变量；φ 为初相位。振幅表示电场振动的强度，振幅的平方与电磁波具有的能量大小成正比，一般成像时只记录振幅，只有在全息成像时才同时记录振幅和相位信息，正是因为记录了振幅与相位全部信息，所以这种成像方法被称作"全息"成像。电磁波的波动性体现在它具有干涉和衍射现象。

干涉现象是两列波在同一空间传播时，空间各点的振动就是各列波单独在该点产生振动的叠加合成。衍射是指光线偏离直线路程的现象。

2. 粒子性

粒子性的基本特点是能量分布的量子化、不连续化。一个原子不能连续地吸收或发射能量，只能不连续地一份一份地吸收或发射能量。光能的最小单位，叫作光量子或光子，电磁波的这种特性叫作能量的量子化。光子不仅具有一定的能量，而且还有一定的动量。光子也是一种基本粒子，它具有特定的能量与动量。光子的能量 E 与其频率 ν 成正比，即 $E=h\nu$；光子的动量与其波长 λ 成反比，即 $P=h/\lambda$。式中 $h=6.626\times10^{-34}\,\mathrm{J\cdot s}$，称为普朗克常数。

2.2 电磁波谱

按电磁波在真空中的波长或频率依顺序将其划分成波段，排列成谱即为电磁波谱。电磁波产生的方式有多种多样，例如电磁振荡，赫兹发现电磁波就是通过电磁振荡发现的。而分子的热运动也能产生电磁波。晶体、分子或原子的电子能级跃迁，原子核的振动与转动，内层电子的能级跃迁，原子核内的能级跃迁也都能产生电磁波。只是它们产生电磁波的波长不同。波长越短，频率越高，能量就越大。无线电波、微波、红外线、可见光、紫外线、X 射线、γ 射线等都是电磁波，只不过它们波长（或者说频率）不同罢了。表 2-1 给出电磁波的分类及其名称。

表 2-1　电磁波的分类及其名称

名称		波长范围	频率范围
紫外线		10 nm~0.4 μm	750~3 000 THz
可见光		0.4~0.7 μm	430~750 THz
红外线	近红外	0.7~1.3 μm	230~430 THz
	短波红外	1.3~3 μm	100~230 THz
	中红外	3~8 μm	38~100 THz
	热红外	8~14 μm	22~38 THz
	远红外	14 μm~1 mm	0.3~22 THz
电波	亚毫米波	0.1~10 mm	0.3~3 THz
	微波 毫米波（EHF）	1~10 mm	30~300 GHz
	微波 厘米波（SHF）	1~10 cm	3~30 GHz
	微波 分米波（UHF）	0.1~1 m	0.3~3 GHz
	超短波（VHF）	1~10 m	30~300 MHz
	短波（HF）	10~100 m	3~30 MHz
	中波（MF）	0.1~1 km	0.3~3 MHz
	长波（LF）	1~10 km	30~300 kHz
	超长波（VLF）	10~100 km	3~30 kHz

目前遥感应用的各波段如下：

1. 紫外线

紫外线的波长在 0.01~0.4 μm，主要源于太阳辐射。由于太阳辐射通过大气层时，大部分被吸收，只有 0.3~0.4 μm 的紫外线能部分地穿过大气层，而且散射严重，因此大多数地物在该波段的反差较小，仅部分地物如萤石和石油在此波段可以表现出来。因此除了在石油普查勘探中紫外遥感有一定作用外，在其他应用领域基本不使用。另外，大气层中臭氧对紫外线有强烈的吸收与散射作用，而臭氧层主要位于大气的平流层中，因此紫外遥感通常在 2000 m 高度以外进行。

2. 可见光

可见光波长在 0.38~0.76 μm，是太阳辐射的主辐射区。在这一波段，尽管大气对它也有一定的吸收和散射作用，但影响不大，它是遥感成像所使用的主要波段。其成像与我们普通所说的照相机使用的波段基本一致，原理也相同。在此波段，大部分地物都有良好的颜色反射特征，不同地物在此波段的图像容易区分。为进一步探测地物间的细微差别，可将此波段分为红波段（0.6~0.7μm）、绿波段（0.5~0.6μm）、蓝波段（0.4~0.5μm）。这种分波段成像的方法称为多光谱遥感。航空、航天遥感成像中均用到可见光波段。

3. 红外线

红外线波长在 0.7 μm~1 mm，近红外和短波红外主要源于太阳辐射，中红外和热红外主要源于太阳辐射及地物热辐射，而远红外主要源于地物热辐射。红外线波段较宽，在此波段地物间不同的反射特性和发射特性都可以较好地表现出来，因此该波段在遥感成像中也有重要的应用。在整个红外线波段内进行的遥感称为红外遥感，按其内部波段的详细划分又可将红外遥感分为近红外遥感、热红外遥感等。

4. 微波

使用微波波段的遥感称为微波遥感。微波波长在 1 mm~1 m，由于其波长比可见光、红外线要长很多，它受大气层中云、雾的散射干扰要小，因此能全天候进行遥感监测。由于地物在微波波段的辐射能量较小，为了能够利用微波的优势进行遥感，一般由传感器主动向地面目标发射电磁波，然后记录地物反射回来的电磁波能量，因此这种遥感又称为主动遥感。由于微波遥感是采用主动方式进行的，不受光照等条件的限制，白天、晚上均可进行地物的微波特性成像，因此微波遥感是一种全天时的遥感技术。

2.3 电磁辐射定律

2.3.1 电磁辐射的一些基本物理量的定义

在讲述电磁辐射定律之前，我们先对电磁辐射中所使用的基本术语进行定义。电磁辐射是一种复杂的物理现象。但是我们可以从能量这个角度来考察电磁辐射的一些特征，当然这种考察是不全面的，但是会得到很多简单的物理定律。下面我们从能量这个最基本的物理量开始，一步步来定义其他电磁辐射的基本物理量。

（1）辐射能量（W）：电磁波辐射的能量，单位为焦耳（J）。

（2）辐射通量（Φ）：单位时间内电磁波辐射的能量，单位为瓦特（W）。很显然，辐射通量又称为辐射功率，显示了物体辐射能力的大小。例如太阳和地球都在辐射能量，但是在单位时间内，太阳要比地球辐射的能量多很多。

（3）辐射通量密度（E）：单位时间、单位面积上的辐射能量。很显然有

$$E = \frac{\mathrm{d}\Phi}{\mathrm{d}S} = \frac{\mathrm{d}W}{\mathrm{d}t\mathrm{d}S}$$，单位为瓦特/米^2（W/m^2）。

在辐射通量密度中，为了区分电磁辐射的能量是接受还是发射的特征，引入辐照度（Irradiance）和辐射出射度两个概念。辐照度 I 是单位面积上单位时间内接收电磁波辐射的能量；而辐射出射度（Radiant Emittance）是辐射源在单位面积上单位时间内发射电磁波辐射的能量。这两个概念量纲相同，本质没有区别。

（4）单色辐射出射度（M_λ）：对于不同温度的辐射源，其总辐射出射度大小不同，同时在相同的波段，其辐射出射度也不同。这就是说，其辐射出射度的大小还与波长有关，是波长的函数。为了刻画这一物理现象，我们需要引入单色辐射出射度的概念，即某一特定波长的辐射出射度，单位为瓦特/米^3（W/m^3）。这个概念在普朗克黑体辐射定律中至关重要。在有的教科书上，单色辐射出射度又称为光谱辐射出射度。

为了概念的再进一步深入推进，这里还要引入一个大家不太熟悉的几何概念，立体角。我们设想一下，对于一个半径固定的正球体，它可以看成由很多个底面是曲面的圆锥集合而成。此时每一个圆锥对应的顶角就是立体角，顶角的大小就是立体角的大小。在同一圆球体上，面积相同的底面，具有相同的立体角，反之亦然。

立体角一般用 Ω 表示。$\Omega = \frac{\mathrm{d}S}{R^2}$，立体角的单位是球面度（sr），无量纲。一个球面的总面积是 $4\pi R^2$，因此立体角的最大值是 4π，此时就说球心对全球面所张的立体角 $\Omega = 4\pi$。显然，立体角是平面上的圆心角从二维空间到三维空间的推广。

（5）辐射强度（Radiant Intensity）：点辐射源在某方向上单位立体角内辐射的辐射通量称为辐射强度。辐射强度的单位为瓦/球面度（W/sr）。

（6）辐射亮度（Radiance）：如果上面的辐射不是点辐射源，而是面辐射源，此时情况稍微不同，此时有辐射亮度的概念。即面状辐射源，在某一方向，单位投影表面，单位立体角内的辐射通量称为辐射亮度。即 $L = \dfrac{\mathrm{d}\Phi}{\mathrm{d}\Omega\mathrm{d}(A\cos\theta)}$，单位是瓦/（球面度·米^2）[W/(sr·m^2)]。

此时的投影表面，指的是从受到辐射的方向上看过去的面积，这个面积与面状辐射源之间存在一个 $\cos\theta$ 的关系。辐射亮度是遥感应用中使用最频繁的术语，这是因为地球的局部是一个平面，因此是一个面状辐射源。传感器采集到的数据与辐射亮度有直接的对应关系。

如果从任何不同的角度方向观察辐射源，其辐射亮度都不变，此时的辐射源称为朗伯体。用氧化镁做的平面，可以近似看成朗伯体。在实际应用中，氧化镁经常作为遥感光谱测量时的标准板。太阳也可近似看成朗伯源。

2.3.2 黑体辐射

现代物理学认为，温度大于绝对温度 0 K 的任何物体都具有发射电磁波的能力。地球上的所有物体的温度都大于 0 K，因此地球上的所有物体都在发射不同波长的电磁波，只是发射能力不同罢了。一般来说，地物的电磁波发射能力与地物的物理特性有关，但主要与它的温度有关。温度越高，发射能力越强。为了摈弃地物的不同物理特性，引入一个理想物理概念，绝对黑体。

绝对黑体，也称黑体，是指能全部吸收外来电磁波辐射而毫无反射和透射能力的理想物体。实验表明，当电磁波入射到一个物体上时，此物体发生反射、吸收、透射三种现象。不同物体，其反射率、吸收率、透射率不同。但绝对黑体是只发生吸收现象的物体，其反射率和透射率都为 0，而吸收率为 100%。

对于黑体辐射，有黑体辐射四大定律，即斯特藩-玻尔兹曼定律、维恩位移定律、瑞利-金斯公式和维恩公式、普朗克黑体辐射定律。前面的三大定律都是通过实验总结的，早于普朗克的黑体辐射定律。但是今天在人们讲解这些公式时，基本上都是从普朗克公式出发的。因为对普朗克公式进行积分、微分、近似计算，可以分别得到前面的三大定律。而普朗克公式是普朗克从理论推导，并对维恩公式进行改进后得出来的。

2.3.3 斯特藩-玻尔兹曼定律（Stefan-Boltzmann law）

斯特藩-玻尔兹曼定律，本身是热力学中的一个著名定律，后来推广到黑体辐射。本定律由斯洛文尼亚物理学家约瑟夫·斯特藩（Jožef Stefan）和奥地利物理学家路德维希·玻尔兹曼分别于 1879 年和 1884 年各自提出。斯特藩也是玻尔兹曼的老师。在提出过程中，斯特藩是通过对实验数据的归纳总结，而玻尔兹曼则是从热力学理论出发，通过假设用光代替气体作为热机的工作介质，最终推导出与斯特藩的归纳结果相同的结论。本定律最早由斯特藩于 1879 年 3 月 20 日以《论热辐射与温度的关系》为论文题目发表在维也纳科学院的大会报告上，这是唯一一个以斯洛文尼亚人的名字命名的物理学定律。该定律指出，黑体辐射的总辐射出射度与黑体温度的四次方成正比。即：

$$M = \sigma T^4$$

上式中，σ 称为斯特藩-玻尔兹曼常数，等于 $5.67 \times 10^{-8} \text{W}/(\text{m}^2 \cdot \text{K}^4)$。这说明黑体辐射的辐射出射度与黑体的绝对温度的 4 次方成正比。即温度越高，黑体辐射的辐射出射度越大，这说明温度是刻画物体具有不同的辐射出射度的绝佳物理量，它的微小变化，会引发 M 的一个巨大变化，这样被传感器记录的能量也越大，反之亦然。

斯特藩出生在 St. Peter 的郊区村庄（现在是斯洛文尼亚克拉根福的一个地区）。他的父母是奥匈帝国时期具有斯洛文尼亚民族血统的族人。他的父亲是一名碾磨工，母亲是一名女佣。

斯特藩就读于克拉根福的小学，在那里他展示了自己的才华。1845 年，他去了克拉根福。作为一个 13 岁的男孩，他经历了 1848 年的大革命，这激发了他对斯洛文尼亚文学创作的同情。

高中毕业后，他短暂地考虑加入本笃会，但他对物理学的浓厚兴趣占上风。1853 年，他去维也纳学习数学和物理。他的物理老师是 Karel Robida，那个写第一本斯洛文尼亚物理教科书的教授。1858 年，斯特藩于维也纳大学获得了数学物理学的 Habilitation（相当于今天的博士后）。在这期间，他还写了和发表了很多用斯洛文尼亚语言写的诗。

后来，斯特藩在维也纳大学教物理。从 1866 年开始，他是维也纳物理研究所所长、维也纳科学院副院长，也是欧洲其他几家科研机构的成员。1893 年 1 月 7 日，斯特藩死于奥匈帝国的维也纳。

斯特藩发表了近 80 篇科学论文，大部分发表在维也纳科学院的公报上，其中最著名的就是斯特藩定律。对于这个定律，他是从法国物理学家杜龙和佩蒂特的测量中得出的。对于黑体，由于入射辐射和发射总是相等的，这个等式同样适用于任何受入射辐射穿过其表面的黑体的温度。1884 年，这个定律由斯特藩的学生路德维希·玻尔兹曼扩展到适用于灰体的辐射，因此今天被称为斯特藩-玻尔兹曼定律。今天，该定律是从普朗克黑体辐射定律导出的。

根据他的定律，斯特藩确定了太阳表面的温度，他计算的温度是 5 703 K，与今天的 5 770 K 相差不大。这也是太阳温度的第一个合理值。斯特藩还第一次测量了气体的热导率，研究了蒸发、液体的热传导等现象，以及光学，并获得维也纳大学给他授予的 Lieben 奖。为纪念他在计算蒸发和扩散速率方面的早期工作，从表面蒸发或升华引起的液滴或颗粒的流动现象现在被称为斯特藩流。

在电磁方面，他的主要贡献是用矢量来定义电磁方程，并用在热力学的动力学理论中。斯特藩是最早充分理解麦克斯韦电磁理论的欧洲物理学家之一，他也是英国以外的少数几个对其进行扩展的人之一。他计算了一个具有二次截面的线圈的电感，并纠正了麦克斯韦的错误计算。他还研究了一种称为"皮肤效应"的现象，该现象是指高频电流在导体表面比其内部更大。在数学方面，斯特藩解决了著名的具有可移动边界的"斯特藩问题"。这个问题最初由拉姆和克拉珀龙于 1831 年提出并研究，在斯特藩计算冰面上水的流速问题时（斯特藩方程）得到解决。

如果对于气体理论的一时不喜欢而把它埋没，对科学将是一个悲剧，例如由于牛顿的权威而使波动理论受到的待遇就是一个教训。我意识到我只是一个软弱无力的与时代潮流抗争的个人，但仍在力所能及的范围内做出贡献，使得一旦气体理论复苏，不需要重新发现许多东西。——玻尔兹曼

路德维希·玻尔兹曼是奥地利最伟大的物理学家，在气体的分子运动理论、统计力学和热力学方面做出了卓越的贡献。作为哲学家，他反对实证论和现象论，并在原子论遭到严重攻击的时刻坚决捍卫它。

1844 年 2 月 20 日，玻尔兹曼出生于维也纳，在维也纳和林茨接受教育，22 岁获得博士学位。1869 年，其 25 岁时，借助斯特藩的推荐信，他受聘为格拉茨大学数学物理学教授。1869 年，他与罗伯特·本生和利奥·格尼斯伯格在海德堡共事数月，1871 年与古斯塔夫·基尔霍夫、赫尔曼·冯·亥姆霍兹在柏林合作过。1873 年，玻尔兹曼成为维也纳大学的数学教授直至 1876 年。

1872 年，玻尔兹曼与格拉茨的一位有抱负的数学和物理老师，亨丽埃特·艾根特拉相遇。当时奥地利的大学不录取女性，她在试图旁听当地大学讲授的课程时被拒。之后她在玻尔兹曼建议下进行了申诉，并获得了成功。1876 年 7 月 17 日，他们结为伉俪。他们育有三个女儿和两个儿子。之后，玻尔兹曼回到格拉茨成为实验物理学教授。他在格拉茨度过了 14 年快乐的时光。而正是在那里，他发展起他对自然界的统计概念。1885 年，他成为奥地利皇家科学院院士，而后，1887 年，他成为格拉茨大学的校长。1888 年，他被推选为瑞典皇家科学院院士。1890 年，玻尔兹曼受聘为慕尼黑大学的理论物理学教授。1893 年，他继承他的导师约瑟夫·斯特藩成为维也纳大学的理论物理学教授。在维也纳，玻尔兹曼教授物理学，同时他也讲授哲学。他关于自然哲学的演讲非常受欢迎，在当时引起了相当广泛的关注。他首次演讲即大告成功。演讲在当地最大的报告厅举行，可依旧人满为患以至楼梯上都站满了人。由于玻尔兹曼的哲学演讲大获成功，当时的奥匈帝国皇帝也在皇宫接见了他。

在玻尔兹曼时代，热力学理论并没有得到广泛的传播。他在使科学界接受热力学理论，尤其是热力学第二定律方面立下了汗马功劳。通常人们认为他和麦克斯韦发现了气体动力学理论，他也被公认为统计力学的奠基者。

按理说，玻尔兹曼的学术生涯应该很平坦，可事实上却充满了艰辛。其中有

不少是社会的因素，但更多的应该与他个人的性格有关。玻尔兹曼与奥斯特瓦尔德之间发生的"原子论"和"唯能论"的争论，在科学史上非常著名。按照普朗克的话来说，"这两个死对头都同样机智，应答如流；彼此都很有才气"。当时，双方各有自己的支持者。奥斯特瓦尔德的"后台"是不承认有"原子"存在的恩斯特·马赫。由于马赫在科学界的巨大影响，当时有许多著名的科学家也拒绝承认"原子"的实在性。后来大名鼎鼎的普朗克站在玻尔兹曼一边，但由于普朗克当时名气还小，最多只是扮演了玻尔兹曼助手的角色。玻尔兹曼却不承认这位助手的功劳，甚至有点不屑一顾。尽管都反对"唯能论"，普朗克的观点与玻尔兹曼的观点还是有所区别的。尤其让玻尔兹曼恼火的是，普朗克对玻尔兹曼珍爱的原子论并没有多少热情。后来，普朗克的一位学生策梅洛（E. Zermelo）又写了一篇文章指出玻尔兹曼的 H-定理中的一个严重的缺陷，这就更让玻尔兹曼恼羞成怒。玻尔兹曼以一种讽刺的口吻答复策梅洛，转过来对普朗克的意见更大。即使在给普朗克的信中，玻尔兹曼常常也难掩自己的愤恨之情。只是到了晚年，当普朗克向他报告自己以原子论为基础来其推导辐射定律时，他才转怒为喜。玻尔兹曼沉浸在与这些不同见解的斗争中，一定程度上损害了他的生理和心理健康。

尽管玻尔兹曼的"原子论"与奥斯特瓦尔德的"唯能论"之间的论战，最终玻尔兹曼取胜，但这个过程对于一个科学家的生命来说，显得太长了。玻尔兹曼一直有一种孤军奋战的感觉。他曾两度试图自杀。1900 年的那次没有成功，他陷入了一种两难境界。再加上晚年接替马赫担任归纳科学哲学教授，后几次哲学课上得不大成功，使他对自己能否讲好课，产生了怀疑。

玻尔兹曼的痛苦与日俱增，又没有别的办法解脱，他似乎不太可能从外面获得帮助。如果把他的精神世界也能比作一个系统的话，那也是一个封闭的系统。按照熵增加原理，孤立系统的熵不可能永远减小，它是在无情地朝着其极大值增长。也就是说，其混乱程度在朝极大值方向发展。玻尔兹曼精神世界的混乱成了一个不可逆的过程，他最后只好选择用自杀的方式来结束其"混乱程度"不断增加的精神生活。1906 年 9 月 5 日，在他钟爱的杜伊诺度假时（Duino，当时属于奥地利，第一次世界大战后划给意大利），他让自己那颗久已疲倦的天才心灵安息下来，在情绪失控中自缢身亡。他被葬于维也纳中央墓地，他的墓碑上镌刻着玻尔兹曼熵公式：

$$S = k \cdot \log W^{①}$$

上式中 $k = 1.380\ 650\ 5(24) \times 10^{-23}$ J/K，称作玻尔兹曼常数。玻尔兹曼是一个性情中人，尽管他以自杀结束其生命，但是在活着的时候，玻尔兹曼也非常幽默、风趣，如果你想了解玻尔兹曼的风趣故事，玻尔兹曼自己写的漂亮的游记《一个德国教授的黄金国之旅》则是一篇不能不读的文章。

---

① 编者注：数学界常用 log 表示自然对数。

2.3.4 维恩位移定律（Wien displacement law）

维恩位移定律，是热辐射的另一个基本定律。该定律由德国物理学家威廉·维恩（Wilhelm Wien）于 1893 年通过对实验数据的经验总结提出。它指出，绝对黑体的温度与其辐射本领最大值相对应的波长 λ 的乘积为一常数，即：

$$\lambda_{\max}T=b$$

上式中，$b=0.002\,897\,\text{m·K}$，称为维恩常量。它表明，当绝对黑体的温度升高时，辐射本领的最大值向短波方向移动。维恩位移定律不仅与黑体辐射的实验曲线的短波部分相符合，而且对黑体辐射的整个能谱都符合。

维恩位移定律说明：黑体越热，其辐射谱光谱辐射力（单色辐射出射度）的最大值所对应的波长越短，而除了绝对零度外其他的任何温度下物体辐射的光的频率都是从零到无穷的，只是各个不同的温度对应的"波长-能量"图形不同，如图 2-3。图 2-3 反映了黑体辐射的两个事实。第一，温度越高，其辐射峰值越大。第二，温度越高，辐射峰值所对应的波长越短。在宇宙中，不同恒星随表面温度的不同会显示出不同的颜色，温度较高的显蓝色，次之显白色，濒临燃尽而膨胀的红巨星表面温度因为只有 $2\,000\sim3\,000\,\text{K}$，因而显红色。太阳的表面温度是 $5\,770\,\text{K}$，根据维恩位移定律计算得到的峰值辐射波长则为 502 nm，这个波长属于可见光中的黄光。

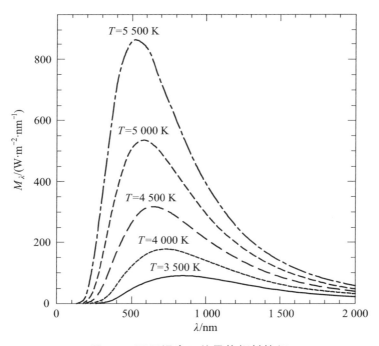

图 2-3　不同温度下的黑体辐射特征

与太阳表面相比，通电的白炽灯的温度要低很多，所以白炽灯的辐射光谱偏橙色。至于处于"红热"状态的电炉丝等物体，温度要更低，所以更加显红色。温度再下降，辐射波长便超出了可见光范围，进入红外区，人眼不能看到。人体释放的辐射主要就是红外线，军事上使用的红外线夜视仪就是通过探测这种红外线来进行"夜视"的。

维恩位移定律有许多实际的应用，例如通过测定星体的谱线的分布来确定其热力学温度，也可以通过比较物体表面不同区域的颜色变化情况，来确定物体表面的温度分布，这种表示热力学温度分布的图像又称为热像图。利用热像图的遥感技术可以监测森林防火，也可以用来监测人体某些部位的病变。热像图的应用范围日益广泛，在宇航、工业、医学、军事等方面应用前景很好。

威廉·维恩（Wilhelm Carl Werner Otto Fritz Franz Wien，1864 年 1 月 13 日—1928 年 8 月 30 日），德国物理学家，研究领域为热辐射与电磁学等。1911 年，他因对于热辐射研究的贡献，而获得诺贝尔物理学奖。火星上有一个陨石坑以他的名字命名。

1864 年，维恩出生在东普鲁士（现俄罗斯）的 Fischhausen，他的父亲卡尔·维恩（Carl Wien）是地主。1882 年，维恩在哥廷根大学学习数学，同年转去柏林大学。1883 年至 1885 年在赫尔曼·冯·亥姆霍兹的实验室工作。1886 年，维恩获得博士学位，论文研究的是光对金属的衍射，以及不同材料对折射光颜色的影响。此后，由于维恩的父亲生病，维恩回去帮助管理他父亲的土地。其间他有一个学期跟随亥姆霍兹。1887 年，维恩完成了金属对光和热辐射的导磁性实验。

1890 年，将父亲的土地变卖后，维恩回到亥姆霍兹的身边，作为他的助手在国家物理工程研究所工作，为工业课题做研究。1892 年，维恩在柏林大学获得大学任教资格。1893 年，维恩经由热力学、光谱学、电磁学和光学等理论研究，发现了维恩位移定律。1896 年，维恩前往亚琛工业大学，以接替菲利普·莱纳德教授，在这里建立实验室研究真空中的静电放电。1899 年，维恩在吉森大学任物理学教授。1900 年，维恩赴维尔茨堡大学接替伦琴，同年出版了教科书《流体力学》（Hydrodynamik）。1902 年，他曾被邀请接替玻耳兹曼出任莱比锡大学的物理学教授，但他拒绝了这个邀请。1906 年，他同样拒绝被邀请接替保罗·德鲁德（Paul Drude）出任柏林大学的物理学教授。1920 年年底维恩前往慕尼黑，再次接替伦琴，直到 1928 年逝世。1898 年，威廉·维恩与路易丝·梅勒（Luise Mehler）结婚，有 4 个孩子。威廉·维恩的表弟马克斯·维恩（Max Wien）是高频电子技术的先驱。

维恩与路德维希·霍尔伯恩（Ludwig Holborn）一起研究用勒沙特列（Le Chatelier）温度计测量高温的方法，同时对热动力学进行理论研究，尤其是热辐射定律。1893年，维恩提出波长随温度改变的定律，后来被称为维恩位移定律。1894年，他发表了一篇关于辐射的温度和熵的论文，将温度和熵的概念扩展到了真空中的辐射，在这篇论文中，他定义了一种能够完全吸收所有辐射的理想物体，称之为黑体。

1896年，他又发表了维恩公式，即维恩辐射定律，给出了这种确定黑体辐射的关系式，提供了描述和测量高温的新方法。虽然后来被证明维恩公式仅适用于短波，但维恩的研究使得普朗克能够用量子物理学方法解决热平衡中的辐射问题。维恩也因为这一研究成果获得了1911年的诺贝尔物理学奖。

1897年，维恩开始研究阴极射线，借助带莱纳德窗的高真空管，他确认了让·巴蒂斯特·皮兰两年前的发现，即阴极射线由高速运动的带负电的粒子（电子）组成。几乎与约瑟夫·汤姆逊在剑桥发现电子同时，维恩用与汤姆逊不同的方法测量到了这些粒子带电量和质量的关系，并且得出了与汤姆逊相同的结果，即它们的质量只有氢原子的千分之一。1898年，维恩又研究了欧根·戈尔德施泰因（Eugen Goldstein）发现的阳极射线，指出它们的带正电量与阴极射线的带负电量相等，他测量了它们在磁场和电场影响下的偏移，并得出阳极射线由带正电的粒子组成，并且它们不比电子重的结论。维恩所使用的方法在约20年后形成了质谱学，实现了对多种原子及其同位素质量的精确测量，以及对原子核反应所释放能量的计算。1900年，维恩发表了一篇关于力学的电磁学基础的理论论文，此后又继续研究阳极射线，并在1912年发现，在并非高真空的环境下，气压不是非常弱时，阳极射线通过与残余气体的原子碰撞，会在运动过程中损失并重得它们的带电量。1918年，他再次发表对阳极射线的研究结果，他测量了射线在离开阴极后，发光度的累积减少过程。通过这些实验，他推断出在经典物理学中所称的原子发光度的衰退，对应于量子物理学中的原子处于活跃状态的时间有限。

维恩的这些研究成果，为从牛顿的经典物理学向量子物理学过渡做出了贡献，正像马克斯·冯·劳厄所说，维恩的不朽的荣耀是"他为我们打开了通往量子物理学的大门"。

19世纪末，人们已经认识到热辐射和光辐射都是电磁波，并对辐射能量在不同频率范围内的分布问题，特别是黑体辐射，进行了较深入的理论和实验研究。维恩和拉梅尔发明了第一个实用黑体——空腔发射体，为他们的实验研究提供了所需的"完全辐射"。维恩在前人研究的基础上于1893年提出了理想黑体辐射的位移定律。该定律指出，随着温度的升高，与辐射能量密度极大值对应的波长向短波方向移动。由于辐射通量密度与辐射能量密度之比为 $c/4$，所以在测出对应辐射通量密度极大值 $l_{\max}$ 后，就可以根据维恩位移定律确定辐射体的温度。光测温度计就是根据这一原理制成的。

接着，维恩研究了黑体辐射能量按波长的分布问题。他从热力学理论出发，在分析了实验数据之后，得到了一个半经验的公式，即维恩公式。维恩公式在短波波段与实验符合得很好，但在长波波段与实验有明显的偏离。后来，普朗克弥补了这一缺陷，建立了与所有的实验都符合的辐射量子理论。但是，在利用光学高温计测量温度时，人们依然采用维恩公式，因为它计算简单且足够精确。

注意：Wilhelm Wien 与 John Venn 要有区别，他们不是同一人。John Venn 是 19 世纪英国的哲学家和数学家，他在 1881 年发明了维恩图，也叫文氏图，是用于显示元素集合重叠区域的图示。1880 年，维恩（Venn）在《论命题和推理的图表化和机械化表现》一文中首次采用固定位置的交叉环形式再加上阴影来表示逻辑问题（如下图所示），这一表示方法，让逻辑学家无比激动，以至于从 19 世纪后期开始直到今天，还有许许多多的逻辑学家都对此潜心钻研。在大量逻辑学著作中，Venn 图占据着十分重要的位置。

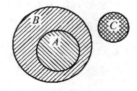

2.3.5 普朗克的黑体辐射定律

马克斯·普朗克于 1900 年建立了黑体辐射定律的公式，并于 1901 年发表。其目的是改进由威廉·维恩提出的维恩近似公式。19 世纪末，人们用经典物理学解释黑体辐射实验的时候，出现了著名的所谓"紫外灾难"。瑞利（1842—1919）和金斯 J.H.（1877—1946）提出了一个瑞利-金斯公式。维恩提出了另外一个维恩公式。但是和实验相比，维恩近似公式在短波范围内和实验数据相当符合，但在长波范围内偏差较大，而瑞利-金斯公式则正好相反。普朗克从 1896 年开始对此问题的矛盾性产生了兴趣，并开始对热辐射进行了系统的研究。他经过几年艰苦努力，凭借其强大的数学功力，终于在 1900 年凑出了一个和实验相符的公式。这个公式把瑞利-金斯公式与维恩公式很好地统一起来了，这个公式在全波段范围内都和实验结果符合得相当好，成功解决了"紫灾"和"红灾"问题。这个公式就是所谓的普朗克黑体辐射定律。

1900 年，普朗克用量子论的概念推导出了黑体的热辐射定律，该定律指出黑体的单色辐射通量密度（单色辐射出射度）与其温度、辐射波长的关系如下：

$$M_\lambda(\lambda, T) = \frac{2\pi hc^2}{\lambda^5} \cdot \frac{1}{e^{\frac{ch}{\lambda kT}} - 1}$$

式中　　M_λ 为单色辐射通量密度（W/m^3）；

　　　　h 为普朗克常数（$h = 6.626 \times 10^{-34} J \cdot s$）；

　　　　k 为波耳兹曼常数（$k = 1.38 \times 10^{-23} J/K$）；

　　　　λ 为波长（m）；

　　　　c 为光速（$c = 3 \times 10^8 m/s$）；

　　　　T 为黑体的绝对温度（K）。

上述公式表明，黑体的辐射出射度不仅与温度 T 有关，与辐射能量的波长 λ 也有关。以 T 为固定变量、λ 为自由变量，可在直角平面坐标系中绘出 M_λ 与 T、λ 的关系曲线（图 2-3），该曲线也叫作黑体的波谱辐射曲线图。

黑体辐射的波谱曲线图，有以下的三个特性。而这三个特性分别对应斯特藩-玻尔兹曼定律、维恩位移定律和瑞利-金斯公式。

（1）随着温度的增大，其每一条曲线与 x 轴围成的面积都会迅速增大。即：不同温度黑体的总辐射通量密度 M 的大小随温度 T 的增加是按四次方增加的。这就是斯特藩-玻尔兹曼定律。

按照数学术语表示，总辐射通量密度 M 对应的是 λ 从 0 到 $+\infty$，对 M_λ 进行积分：

$$M(T) = \int_0^{+\infty} M_\lambda(\lambda, T) d\lambda = \int_0^{+\infty} \frac{2\pi hc^2}{\lambda^5} \cdot \frac{1}{e^{\frac{ch}{\lambda kT}} - 1} d\lambda$$

令 $C = 2\pi hc^2$，$x = \frac{ch}{\lambda kT}$，则 $dx = \frac{-hc}{kT\lambda^2} d\lambda$，$d\lambda = \frac{-kT\lambda^2}{hc} dx = \frac{-hc}{kTx^2} dx$，

代入上式得：

$$M(T) = \frac{Ck^4 T^4}{h^4 c^4} \int_0^{+\infty} \frac{x^3}{e^x - 1} dx$$

计算后面的广义积分，可得近似值，即 $\int_0^{+\infty} \frac{x^3}{e^x - 1} dx = 6.494$，于是 $M(T) = \delta T^4$，而

$$\delta = \frac{Ck^4}{h^4 c^4} \times 6.494 = 5.67 \times 10^{-8} W \cdot m^{-2} \cdot K^{-4}。$$

（2）单色辐射出射度的峰值对应的波长 λ_{max} 随温度的增加而向短波方向移动。对普朗克公式进行微分，并令其等于 0，可以求出最大值的位置：

$$\frac{\partial M_\lambda}{\partial \lambda} = \frac{-2\pi hc^2}{\lambda^{10}} \cdot \frac{5\lambda^4 \left(e^{\frac{ch}{\lambda kT}} - 1\right) - \lambda^5 e^{\frac{ch}{\lambda kT}} \cdot \frac{ch}{\lambda^2 kT}}{\left(e^{\frac{ch}{\lambda kT}} - 1\right)^2} = 0$$

化简，得

$$5\lambda^4 \left(e^x - 1\right) - \lambda^5 e^x \cdot \frac{x}{\lambda} = 0$$

进一步化简，可得

$$5\left(e^x - 1\right) - e^x \cdot x = 0$$

这个方程是一个超越方程，在解法上需要一点技巧。我们可以用图解法进行求解。将上式改写为

$$5 - x = 5e^{-x}$$

分别作 $y = 5 - x$ 直线，和 $y = 5e^{-x}$ 曲线，其交点就是方程的解。求解得 $x=4.956$。即 $\frac{ch}{\lambda_{max} kT} = 4.956$，所以 $\lambda_{max} T = b = \frac{ch}{4.956k} = 2.897 \times 10^{-3}$ m·K。

维恩位移定律表明辐射的峰值的波长大小 λ_{max} 与黑体的温度成反比，即温度愈高，λ_{max} 愈小。由图 2-3 可看出，黑体的单色辐射通量密度一方面随温度的增高，其峰值在增大，同时，其峰值所对应的横坐标 λ_{max} 的数值在逐渐减小，即向短波方向移动。

（3）每根曲线彼此不相交。故温度越高，所有波长上的单色辐射出射度 M_λ 也越大，即 M_λ 随 T 的增大而增大。该特性表明：不同温度的黑体，在任何波段处的辐射通量密度 M_λ 是不同的；由于不同温度的黑体间的 M_λ 不同，在分波段记录的通感图像上它们是可区别的。

另外，在微波波段，黑体的单色辐射出射度 M_λ 已经很小，将普朗克公式中的波长用频率代替可得：

$$M_\lambda(\lambda, \ T) = \frac{2\pi h\nu^3}{c^3} \cdot \frac{1}{e^{\frac{h\nu}{kT}} - 1}$$

在波长大于 1 mm 的微波波段上，由于 $h\nu$ 远远小于 kT，展开 $e^{\frac{h\nu}{kT}}$ 为无穷幂级数形

式，并舍去后面的项，可近似得到：

$$e^{\frac{h\nu}{kT}} \approx 1 + \frac{h\nu}{kT}$$

把上式代入原式，得：

$$M_\lambda = \frac{2\pi h\nu^5}{c^3} \cdot \frac{1}{1 + \dfrac{h\nu}{kT} - 1} = \frac{2\pi k\nu^4}{c^3} T = \frac{2\pi kc}{\lambda^4} T$$

此式就是瑞利-金斯公式。该公式表明，在微波波段，黑体辐射的单色辐射出射度与温度 T 成正比，与波长的四次方成反比。这就是说，瑞利-金斯公式是普朗克公式在微波波段的简化形式。

马克斯·卡尔·恩斯特·路德维希·普朗克（Max Karl Ernst Ludwig Planck，1858 年 4 月 23 日—1947 年 10 月 4 日），出生于德国荷尔施泰因，德国著名物理学家、量子力学的重要创始人之一。

普朗克和爱因斯坦并称为 20 世纪最重要的两大物理学家。他因发现能量量子化而对物理学的又一次飞跃做出了重要贡献。

1874 年，普朗克进入慕尼黑大学攻读数学专业，后改读物理学专业。1877 年他转入柏林大学，曾聆听亥姆霍兹和基尔霍夫教授的讲课。1879 年普朗克获得博士学位。1930 年至 1937 年他任德国威廉皇家学会的会长，该学会后为纪念普朗克而改名为马克斯·普朗克学会。

从博士论文开始，普朗克一直关注并研究热力学第二定律，发表诸多论文。大约从 1894 年起，普朗克开始研究黑体辐射问题，发现普朗克黑体辐射定律，并在论证过程中提出能量子概念和常数 h（后称为普朗克常数），成为此后微观物理学中最基本的概念和极为重要的常数。1900 年 12 月 14 日，普朗克在德国物理学会上报告这一结果，这成为量子论诞生和新物理学革命宣告开始的伟大时刻。由于这一发现，普朗克获得了 1918 年诺贝尔物理学奖。

马克斯·普朗克出生在一个受到良好教育的传统家庭，他的曾祖父戈特利布·雅各布·普朗克（Gottlieb Jakob Planck，1751 年—1833 年）和祖父海因里希·路德维希·普朗克（Heinrich Ludwig Planck，1785 年—1831 年）都是哥廷根的神学教授，他的父亲威廉·约翰·尤利乌斯·普朗克（Wilhelm Johann Julius Planck，1817 年—1900 年）是基尔和慕尼黑的法学教授，他的叔叔戈特利布·普朗克（Gottlieb Planck，1824 年—1907 年）也是哥廷根的法学家和德国民法典的重要创立者之一。

马克斯·普朗克是父亲与第二任妻子埃玛·帕齐希所生。普朗克在基尔度过了他童年最初的几年时光，直到 1867 年全家搬去了慕尼黑。普朗克在慕尼黑的马克西米利安文理中学（Maximiliansgymnasium）读书，并在那里受到数学家奥斯卡·冯·米勒（Oskar von Miller）（后来成为了德意志博物馆的创始人）的启发，引发自己对数理方面的兴趣。米勒也教他天文学、力学和数学，从米勒那里普朗克也学到了生平第一个原理——能量守恒原理。

普朗克十分具有音乐天赋，他会钢琴、管风琴和大提琴，还上过演唱课，曾在慕尼黑学生学者歌唱协会（Akademischer Gesangverein Munchen）为多首歌曲和一部轻歌剧（1876 年）作曲。但是普朗克并没有选择音乐作为他的大学专业，而是决定学习物理。慕尼黑的物理学教授菲利普·冯·约利（Philipp von Jolly，1809 年—1884 年）曾劝说普朗克不要学习物理，他认为"这门科学中的一切都已经被研究了，只有一些不重要的空白需要被填补"。这也是当时许多物理学家所坚持的观点，但是普朗克回复道："我并不期望发现新大陆，只希望理解已经存在的物理学基础，或许能将其加深。"普朗克 1874 年在慕尼黑开始了他的物理学学业。普朗克整个科学事业中仅有的几次实验是在约利手下完成的，如研究氢气加热后在铂中的扩散，但是普朗克很快就把研究转向了理论物理学。

1877 年—1878 年，普朗克转学到柏林，在著名物理学家赫尔曼·冯·亥姆霍兹和古斯塔夫·罗伯特·基尔霍夫以及数学家卡尔·维尔斯特拉斯手下学习。关于亥姆霍兹，普朗克曾这样写道："他上课前从来不好好准备，讲课时断时续，经常出现计算错误，让学生觉得他上课很无聊。"而关于基尔霍夫，普朗克写道："他讲课仔细，但是单调乏味。"即便如此，普朗克还是很快与亥姆霍兹建立了真挚的友谊。普朗克主要从鲁道夫·克劳修斯的讲义中自学，并受到这位热力学奠基人的重要影响，热学理论成为了普朗克的工作领域。

1878 年 10 月，普朗克在慕尼黑完成了教师资格考试。1879 年 2 月，他递交了他的博士论文《论热力学第二定律》。1880 年 6 月，普朗克以论文《各向同性物质在不同温度下的平衡态》获得大学任教资格。1887 年 3 月，普朗克与一个慕尼黑中学同学的妹妹玛丽·梅尔克（Marie Merck，1861 年—1909 年）结婚，婚后生活在基尔，共有 4 个孩子。在普朗克前往柏林工作后，全家住在柏林的一栋别墅中，与不计其数的柏林大学教授们为邻，普朗克的庄园发展成了一个社交和音乐中心，许多知名的科学家如阿尔伯特·爱因斯坦、奥托·哈恩和莉泽·迈特纳等都是普朗克家的常客，这种在家中演奏音乐的传统来自于亥姆霍兹家。在度过了多年幸福的生活后，普朗克遇到了接踵而至的不幸。1909 年 10 月 17 日，普朗克的妻子因结核病去世。1911 年 3 月,普朗克与他的第二任妻子玛格丽特·冯·赫斯林结婚, 12 月, 普朗克的第三个儿子赫尔曼(Herrmann)降生。

第一次世界大战期间,普朗克的大儿子卡尔死于凡尔登战役,二儿子埃尔温在 1914 年被法军俘虏,1917 年女儿格雷特在产下第一个孩子时去世,她的丈夫娶了普朗克的另一个女儿埃玛,不幸的是埃玛在两年后同样死于生产。1945 年 1 月 23 日,普朗克的二儿子埃尔温·普朗克因参与暗杀希特勒未遂而被纳粹杀害。

普朗克本人是一个不情愿的革命者。其成就的深远影响在经过多年以后才得到普遍公认,爱因斯坦对此起了最为重要的作用。自 20 世纪 20 年代以来,普朗克成为德国科学界的中心人物。他的公正、正直和学识,使他在德国受到普遍尊敬,具有决定性的权威。纳粹政权统治下,他反对种族灭绝政策,并坚持留在德国尽力保护各国科学家和德国的物理学家。为此,他承受了巨大的家庭悲剧和痛苦。他凭借坚忍的自制力一直活到 89 岁。

获得大学任教资格后,普朗克在慕尼黑并没有得到专业界的重视,但他继续他在热理论领域的工作, 提出了热动力学公式,却没有发觉这一公式在此前已由约西亚·威拉德·吉布斯提出过。鲁道夫·克劳修斯所提出的"熵"的概念在普朗克的工作中处于中心位置。1885 年 4 月,基尔大学聘请普朗克担任理论物理学教授,年薪约 2000 马克,普朗克继续他对熵及其应用的研究,主要解决物理化学方面的问题,为阿累尼乌斯的电解质电离理论提供了热力学解释,但却是矛盾的。

在基尔这段时间,普朗克已经开始了对原子假说的深入研究。1897 年,哥廷根大学哲学系授奖给普朗克的专著《能量守恒原理》(Das Prinzip der Erhaltung der Energie, 1897 年)。1889 年 4 月,亥姆霍兹通知普朗克前往柏林,接手基尔霍夫的工作, 1892 年普朗克接手教职,年薪约 6200 马克。1894 年,普朗克被选为普鲁士科学院(Preußische Akademie der Wissenschaften)的院士。1907 年维也纳曾邀请普朗克前去接替路德维希·玻耳兹曼的教职,但他没有接受,而是留在了柏林,受到了柏林大学学生会的火炬游行队伍的感谢。1926 年 10 月 1 日普朗克退休,他的继任者是薛定谔。

普朗克早期的研究领域主要是热力学。他的博士论文就是《论热力学第二定律》。此后, 他从热力学的观点对物质的聚集态的变化、气体与溶液理论等进行了研究。普朗克在物理学上最主要的成就是提出了著名的普朗克辐射公式,创立了能量子概念。

19 世纪末,人们用经典物理学解释黑体辐射实验的时候,出现了著名的所谓"紫外灾难"。虽然瑞利(1842 年—1919 年)、金斯·J.H.(1877 年—1946 年)和维恩(1864 年—1928 年)分别提出了两个公式,企图弄清黑体辐射的规律,但是和实验相比,瑞利-金斯公式只在低频范围符合,而维恩公式(维恩位移定律)只在高频范围符合。普朗克从 1896 年开始对热辐射进行了系统的研究。他经过几年艰苦努力，终于导出了一个和实验相符的公式。

他于 1900 年 10 月下旬在《德国物理学会通报》上发表了一篇只有三页纸的论文，题目是《论维恩光谱方程的完善》，第一次提出了黑体辐射公式。同年 12 月 14 日，在德国物理学会的例会上，普朗克作了《论正常光谱中的能量分布》的报告。在这个报告中，他激动地阐述了自己最惊人的发现。他说，为了从理论上得出正确的辐射公式，必须假定物质辐射（或吸收）的能量不是连续地而是一份一份地进行的，而且只能取某个最小数值的整数倍。这个最小数值就叫能量子，辐射频率是 ν 的能量的最小数值 $\varepsilon = h\nu$。其中的 h，普朗克当时把它叫作基本作用量子，后来被命名为普朗克常数，它标志着物理学从"经典物理学"变成"量子物理学"。

1906 年普朗克在《热辐射讲义》一书中，系统地总结了他的工作，为开辟探索微观物质运动规律新途径提供了重要的基础。1926 年，普朗克被推举为英国皇家学会的最高级名誉会员，美国选他为物理学会的名誉会长。1930 年，普朗克被德国科学研究的最高机构威廉皇家促进科学协会选为会长。普朗克的墓在哥廷根市公墓内，其标志是一块简单的矩形石碑，上面只刻着他的名字，下角写着：尔格·秒。他的墓志铭就是一行字：$h = 6.63 \times 10^{-34} \text{J} \cdot \text{s}$，这也是对他毕生最大贡献——提出量子假说的肯定。

普朗克的另一个鲜为人知的伟大贡献是推导出玻尔兹曼常数 k。他沿着玻尔兹曼的思路进行更深入的研究得出玻尔兹曼常数后，为了向他一直尊崇的波尔兹曼教授表示尊重，建议将 k 命名为玻尔兹曼常数。普朗克的一生推导出现代物理学最重要的两个常数 k 和 h，是当之无愧的伟大物理学家。

在宏观领域中，一切物理量的变化都可看作连续的。例如，一个物体所带的电荷是 e 的极大倍数。所以一个一个电子的跳跃式增减可视为连续的变化。但在微观领域中的离子，所带电荷只有一个或几个 e，那么，一个一个电子的变化就不能看作连续的了。

普朗克在 1900 年提出了"量子化"的概念。像这样以某种最小单位作跳跃式增减的，就称这个物理量是量子化的。普朗克最大的贡献就是提出了能量量子化，其主要内容是：

黑体是由以不同频率作简谐振动的振子组成的，其中电磁波的吸收和发射不是连续的，而是以一种最小的能量单位 ε 为最基本单位而变化着的，理论计算结果才能跟实验事实相符，这样的一份能量 ε，叫作能量子。其中 ν 是辐射电磁波的频率，$h = 6.625\ 59 \times 10^{-34} \text{J} \cdot \text{s}$，即普朗克常数。也就是说，振子的每一个可能的状态以及各个可能状态之间的能量差必定是 $h\nu$ 的整数倍。

受他的启发，爱因斯坦于 1905 年提出，在空间传播的光也不是连续的，而是一份一份的，每一份叫一个光量子，简称光子。光子的能量 E 跟跟光的频率 v 成正比，即 $E = hv$。这个学说以后就叫光量子假说。光子说还认为每一个光子的能量只取决于光子的频率，例如蓝光的频率比红光高，所以蓝光的光子的能量比红光子的能量大，同样颜色的光，强弱的不同则反映了单位时间内射到单位面积的光子数的多少。

普朗克黑体辐射定律：大约是在 1894 年，普朗克开始把心力全部放在研究黑体辐射的问题上，他曾经委托过电力公司制造能消耗最少能量，但能产生最多光能的灯泡，这一问题也曾在 1859 年被基尔霍夫所提出——黑体在热力学平衡下的电磁辐射功率与辐射频率和黑体温度的关系。帝国物理技术学院（Physikalisch-Technischer Reichsanstalt）对这个问题进行了实验研究，但是经典物理学的瑞利-金斯公式无法解释高频下的测量结果，这个定律却也创造了日后的"紫外灾难"。后来，威廉·维恩给出了维恩位移定律，可以正确反映高频下的结果，但却又无法符合低频率下的结果。这些定律之所以能发起有一小部分是普朗克的贡献，但大多数的教科书却都没有提到他。普朗克在 1899 年就率先提出解决此问题的方法，叫作"基础无序原理"（principle of elementary disorder），并把瑞利-金斯定律和维恩位移定律这两条定律使用一种熵列式进行内插，由此发现了普朗克辐射定律，可以很好地描述测量结果，不久后，人们发现他的这项新理论是没有实验证据的，这也让普朗克在当时感到无奈。可是他并没有因此而气馁，反而修正了自己的方式，最后成功地推导出著名的第一版普朗克黑体辐射定律，此定律在描述由实验观察来的黑体辐射光谱时呈现良好的状态，这一定律于 1900 年 10 月 19 日在德国物理学会上首次提出。也因为普朗克黑体辐射定律是第一个不包括能源量化以及统计力学的推论，因为他本人不喜欢这个理论。

不久后的 1900 年 12 月 14 日，普朗克得出了辐射定律的理论推论，其中他使用了此前曾被他所否定的奥地利物理学家路德维希·玻尔兹曼的统计力学，热力学第二定律的每个纯统计学观点都让普朗克感到厌恶。普朗克于会议上提出了能量量子化的假说：其中 E 是能量，v 是频率，并引入了一个重要的物理常数 h——普朗克常数，能量只能以不可分的能量元素（即量子）的形式向外辐射。这样的假说调和了利用经典物理学理论研究热辐射规律时遇到的矛盾。基于这样的假设，他给出了黑体辐射的普朗克公式，圆满地解释了实验现象。这个成就揭开了量子论与量子力学的序幕，因此 12 月 14 日成了量子纪念日。普朗克也因此获得 1918 年诺贝尔物理学奖。尽管在后来的时间里，普朗克一直试图将自己的理论纳入经典物理学的框架之下，但他仍被视为近代物理学的开拓者之一。不过在当时，这一假说与玻尔兹曼的理论相比，可谓无足轻重。"一个纯公式的假说，我其实并没有为此思考很多（eine rein formale Annahme, ich dachte mir eigentlich nicht viel

如今这个与经典物理学相悖的假说却被当作量子物理学诞生的标志和普朗克最大的科学成就。需要提及的是，玻尔兹曼于先前的大约 1877 年已经将一个物理学系统的能量级可以是不连续的作为其理论研究的前提条件。在接下来的时间里，普朗克试图找到能量子的意义，但是毫无结果，他曾写道："我的那些试图将普朗克常数归入经典理论的尝试是徒劳的，却花费了我多年的时间和精力。其他物理学家如瑞利、金斯和亨德里克·洛伦兹在几年后仍将普朗克常数设为零，以便其不与经典物理学相悖，但是普朗克十分清楚，普朗克常数是一个不等于零的确切数值。

2.4 太阳辐射及大气对辐射的影响

2.4.1 太阳辐射的波谱特征

在遥感中，传感器接收的地物反射的电磁波主要来源于太阳的电磁波辐射。地物的电磁波反射特性与太阳的照度有密切关系。我们可以把太阳辐射近似地看作黑体辐射，它的球体表面温度约为 5770 K，它每秒输送到地球的能量约为 1.72×10^{16} J，地球上的能源主要来自太阳。太阳所辐射的峰值波长 λ_{max} 在 0.50 μm 上下波动。

太阳常数：不受大气影响，在距太阳一个天文单位（日地平均距离）内，垂直与太阳光辐射方向上，单位面积、单位时间内黑体所接收的太阳辐射能量。这个数值大小为：

$$I = 1360 \ W / m^2$$

这个数值表示在大气顶端，每平方米在每秒内接受的太阳能量为 1 360 J。由于大气对太阳辐射的吸收，因此地面的太阳常数与大气层上的太阳常数相差巨大，这个差值大概为 40%左右。直到人造卫星上天，科学家才解除大气对太阳常数的干扰。通过长期观测，太阳常数的变化不超过 1 %。

这个常数很重要。通过对太阳常数的测量，和已知的日地平均距离，可以很容易计算太阳的总辐射通量，即太阳每秒释放的能量等于 3.826×10^{26}J。再加上太阳的半径，又可以求出太阳表面的辐射出射度 $M = 6.284 \times 10^7 \ W / m^2$。

图 2-4 给出了日地平均距离上太阳辐照度的分布曲线。图中的黑色曲线是 5 800 K 的黑体理论计算的曲线，这个曲线与大气层上界的太阳辐照度曲线基本吻合。而海平面上的太阳辐照度曲线明显在这两个曲线下方，而且成锯齿状。这说明两个问题：一是大气对太阳辐射有吸收作用；二是大气中含有各种气体，化学物质

不同，因此对太阳辐射的电磁波有选择性地吸收，即对某些波长的电磁波吸收明显，而对某些波长的电磁波吸收偏弱。这就引出大气窗口的概念，这个概念在下节讲。

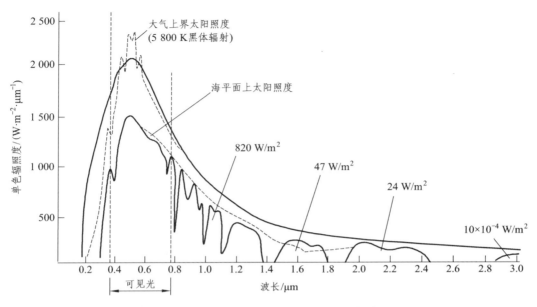

图 2-4　地球表面太阳光谱辐照度分布曲线图

在这里，再介绍一个物理现象，现在称为夫琅禾费谱线（或者称夫琅禾费吸收线）。即用高分辨率光谱仪观察太阳光谱时，无论在大气外层还是地面，都会发现连续光谱的明亮背景上有许多离散的暗谱线，这个暗色谱线，称为夫琅禾费吸收线，大约有 26 000 条。这些暗色谱线的产生，是因为太阳和大气中的化学元素构成的不同引发的。今天靠这些谱线，科学家们已经认证出太阳光球中存在的 69 种元素及它们在太阳大气中所占的比例。通常认为，太阳球体是一个巨大的球体，其中 H 元素占 78.4%，He 元素占 19.8%，O 元素占 0.8%等。

夫琅禾费（Joseph von Fraunhofer，1787年—1826年），德国物理学家，1787 年 3 月 6 日生于斯特劳宾，父亲是玻璃工匠。夫琅禾费幼年当学徒，后来自学了数学和光学。夫琅禾费 11 岁便成了孤儿，在慕尼黑的一家玻璃作坊当学徒。1801 年，这家作坊的房子崩塌，巴伐利亚选帝侯马克西米利安一世亲自带人将其从废墟中救出。马克西米利安一世十分爱护夫琅禾费，为其提供了书籍和学习的机会。8 个月后，夫琅禾费被送往著名的本讷迪克特伯伊昂修道院的光学学院接受训练，这所本笃会修道院十分重视玻璃制作工艺。1818年，夫琅禾费成为该院的经理，1823年担任慕尼黑科学院物理陈列馆馆长和慕尼黑大学教授、慕尼黑科学院院士。由于夫琅禾费的努力，巴伐利亚取代英国成为当时光学仪器的制作中心，连迈克尔·法拉第也只能甘拜下风。1824年，夫琅和费被授予蓝马克斯勋章，成为贵族和慕尼黑荣誉市民。

夫琅禾费自学成才，一生勤奋刻苦，终身未婚，1826年6月7日因肺结核、重金属中毒等原因在慕尼黑逝世，年仅39岁。夫琅禾费集工艺家和理论家的才干于一身，把理论与丰富的实践经验结合起来，对光学和光谱学作出了重要贡献。1814年他用自己改进的分光系统，发现并研究了太阳光谱中的暗线。他发现了574条黑线，这些线今天被称作夫琅禾费谱线。他还利用衍射原理测出了它们的波长。他设计和制造了消色差透镜，首创用牛顿环方法检查光学表面加工精度及透镜形状，对应用光学的发展起了重要的作用。他所制造的大型折射望远镜等光学仪器负有盛名。他发表了平行光单缝及多缝衍射的研究成果（后人称之为夫琅禾费衍射），做了光谱分辨率的实验，第一个定量地研究了衍射光栅，用其测量了光的波长，以后又给出夫琅禾费光栅方程。

下面我们看看，太阳辐射在地球表面随波长不同的能量分配。表2-2列出了太阳辐射各波段所占总辐射能量的百分比。可以看出，太阳辐射的主能量在可见光和近红外波段，分别占比43.5%和36.8%。这两部分的能量之和占到了总能量的80%，其他波长的电磁波仅占20%。而从近紫外到中红外这一波段区间能量最集中，而且最稳定，太阳强度变化最小。在其他波段如X射线、γ射线、远紫外及微波波段，尽管它们的能量加起来不到1%，可是变化却很大。一旦太阳活动剧烈，如黑子和耀斑爆发，其强度也会有剧烈增长，最大时可差上千倍，对地球影响巨大。但就遥感而言，被动遥感主要利用可见光、红外等稳定的辐射，在这些波段监测，对遥感最为有利。

表2-2 太阳辐射各波段所占总辐射能量的百分比

波长/μm	波段名称	能量比例/%
小于 10^{-3}	X、γ射线	0.01
10^{-3}~0.2	远紫外	0.01
0.20~0.31	中紫外	1.95
0.31~0.38	近紫外	5.32
0.38~0.76	可见光	43.50
0.76~1.5	近红外	36.80
1.5~5.6	中红外	12.00
5.6~1000	远红外	0.21
大于 1000	微波	0.20

2.4.2 大气对电磁波传输过程的影响

遥感过程中对地面物体辐射的探测是要经过大气的，地物辐射在到达遥感器之前都要穿过大气层。例如对可见光遥感，电磁波从太阳辐射到地面，然后再从地面反射到达摄影仪器，需要两次经过大气层。所以大气对电磁波传输过程的影响是遥感需要认真考虑的问题。

2.4.2.1 大气的组成与大气层

大气主要由氮、氧、二氧化碳、甲烷、二氧化氮、氢、惰性气体等组成，这些物质在 80km 以下的相对比例保持不变，称不变成分。同时大气还含有臭氧、水蒸气、液态和固态水（雨、雾、雪等）、尘烟等，这些物质的含量随高度、湿度、位置、时间的变化而变化，称为可变成分。

地球的大气层在垂直方向上可分为对流层、平流层、电离层和外大气层。大气层的区间划分和各种航空、大空间飞行器在大气层中的位置如图 2-5 所示。

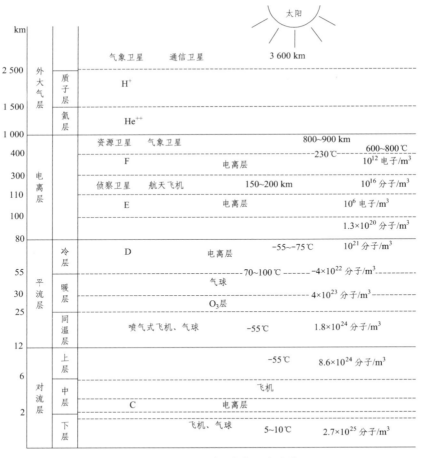

图 2-5 大气的分层与遥感平台的位置

1. 对流层

对流层：从地表起算，到离地面平均高度 12 km 的范围内。相对于 3 000 km 厚的大气层来说它是个薄层。对流层主要有以下一些特点：

气温随高度上升而下降，每升高 100 m 约下降 0.64 ℃。在 10 km 再往上的对流层的顶部，温度约降至 -55 ℃ 后，此时温度不再降低。而对流层的低温温度随纬度的增大而变小。

对流层的空气密度最大，空气密度和气压随高度升高而减小。地面空气密度为 1.3 kg/m^3，气压为 $1.01×10^5$ Pa，对流层顶部空气密度减小到 0.4 kg/m^3，气压降低到 $2.6×10^4$ Pa 左右。

空气中不变成分的相对含量是：氮气占 78.9%，氧气占 20.95%，氩等其他气体共占不到 1%。可变成分中，臭氧含量较少，水蒸气含量不固定。在海平面潮湿的大气中，水蒸气含量可高达 2%，液态和固态水含量也随气象变化。在离地面 1.2~3.0 km 处是最容易形成云团的区域。近海面或盐湖上空含有盐粒，城市上空有尘烟、霾等微粒。

由于对流层空气密度大，而且有大量的云团、尘烟存在，电磁波经过该层时，会被吸收和散射，从而引起衰减。因此，电磁波的传输变化主要在对流层内研究。

2. 平流层

平流层在 12~80 km 的垂直区间中。平流层又可分为同温层、暖层和冷层。它们有以下特点：

在 12~25 km 处的高空为同温层，温度一般保持在 -55 ℃ 左右，大气中的分子数减少，每 1 m^3 中约为 $1.8×10^{24}$ 个。喷气式客机主要在这个高度飞行。

在 25~55 km 处的高空为暖层。在暖层的底部，即从 25~30 km 高空有一层臭氧层。大家知道，臭氧层对太阳的紫外辐射有较强的吸收能力，因此在这一层，温度开始升高，有逆温现象。在 30~50 km 处，臭氧的含量逐渐减小，大气分子的含量也由 $4×10^{23}$ 个/m^3 减少为 $4×10^{22}$ 个/m^3。在 55 km 处温度为 70~100 ℃，故这一层称暖层。

55~80 km 处的高空称为冷层。此空间臭氧分子极少，因此不再有吸收太阳辐射的现象。温度开始急剧下降，从 70~100 ℃ 降至 -55~-70 ℃，大气分子也减少到 10^{19} 个/m^3。

3. 电离层

电离层在 80~1 000 km 区间中。在电离层内，空气稀薄，分子被电离成离子和自由电子状态。无线电波在该层会发生全反射现象（由于电波从高密度介质进入低密度介质）。该层顶部温度为 600~800 ℃。

在电离层，大气的电离主要是太阳辐射中紫外线和 X 射线所致。此外，太阳高能带电粒子和银河宇宙射线也起相当重要的作用。地球高层大气的分子和原子，在太阳紫外线、X 射线和高能粒子的作用下电离，产生自由电子和正、负离子，形成等离子体区域即电离层。电离层从宏观上呈现中性。电离层的变化，主要表现为电子密度随时间的变化。而电子密度达到平衡的条件，主要取决于电子生成率和电子消失率。1947 年，爱德华·阿普尔顿因于 1927 年证实电离层的存在而获得诺贝尔物理学奖。

4. 外大气层

距地面 1 000 km 以上的高空称为外大气层。1 000~1 500 km 间主要是氦离子，称氦层；1 500~2 500 km 处主要成分是氢离子，因为一个氢离子就是一个质子，因此该层又称为质子层。

2.4.2.2 大气对电磁波传输过程的影响

大气对电磁波传输过程的影响包括五个方面：散射（Sattering）、吸收（Absorption）、扰动（Turbulence）、折射（Refraction）和偏振（Polarization）。对于可见光遥感来说，主要的影响因素是散射和吸收。由于大气分子及大气层中气溶胶粒子的影响，太阳辐射的电磁波在大气层中传输时一部分被吸收，一部分被散射，剩下的部分穿过大气层到达地面。当地物反射或本身辐射的电磁波在大气层中向上传输时，一部分又被吸收，一部分又被散射，剩下的部分穿过大气层到达传感器的接收系统。这样经过大气的两次散射与吸收，引起光线强度的衰减，进而影响到进入传感器的信号强弱的变化。下面主要讨论大气对电磁波的散射和吸收作用。

1. 大气散射

太阳光在传播过程中遇到小微粒后，会改变以前的直线传播方向，并向各个方向散开，这种现象称为散射。大气散射的性质与强度取决于大气中气体分子和微粒的大小。散射形式主要有三种：瑞利散射、米氏散射和无选择性散射。

（1）瑞利散射。

当大气中粒子的直径比电磁波波长小得多时发生的散射，叫瑞利散射（Rayleigh Scattering）。这种散射主要由大气中的原子和分子引起，如氮、二氧化碳、臭氧和氧分子等。特别是对可见光而言，瑞利散射现象非常明显，因为可见光的波长在 380~760 nm，而大气分子的半径一般在 0.1 nm 的数量级。这种散射的特点是散射强度与波长的四次方成反比，即：

$$I = k\lambda^{-4}$$

即波长越长，散射越弱。当向四面八方的散射光线较弱时，原传播方向上的透过率便越强。当太阳辐射垂直穿过大气层时，可见光波段损失的能量可达10%。

无云的天空呈现蓝色，是因为瑞利散射对可见光的影响很大。因为蓝色光的波长短，散射强度较大，因此蓝光向四面八方散射的强度大于其他可见光，这样使我们观察到的天空呈现蔚蓝色。对于红外和微波，由于电磁波波长更长，此时尽管发生瑞利散射，但散射强度很弱，此时可以认为不受影响。由此可见，瑞利散射对不同波长的电磁波有不同的散射能力，属于选择性散射。

（2）米氏散射。

当大气中粒子的直径和电磁波波长差不多时发生的散射，叫米氏散射（Mie Scattering）。这种散射主要由大气中的颗粒引起，如水滴、烟尘、气溶胶等。这种散射的特点是散射强度与波长的二次方成反比，即：

$$I = k\lambda^{-2}$$

米氏散射有明显的方向性，即散射在光线向前方向比向后方向更强（图2-6）。云雾的粒子大小与红外线的波长接近，所以云雾对红外线的散射主要是米氏散射。

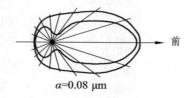

$\alpha=0.08\ \mu m$

图2-6 米氏散射中前向散射强于后向散射的特点

（3）无选择性散射。

当大气中粒子的直径比波长大得多时发生的散射叫无选择性散射。这种散射的特点是散射强度与波长无关。也就是说，在符合无选择性散射条件的波段中，任何波长的散射强度相同。如云、雾粒子直径虽然与红外线波长接近，发生米氏散射；但它们相比可见光波段，云雾中水滴的粒子直径就比波长大很多，此时对可见光中各个波长的光散射强度相同，所以人们看到云雾呈白色。

从以上分析可知，散射会造成太阳辐射能量在直线传播方向上的衰减，但是散射强度遵循的规律与波长有密切相关。由于太阳的电磁波辐射几乎包括电磁辐射的各个波段，因此在大气状况相同时，同时会出现上述各种类型的散射，但散射类型主次不同。大气分子、原子引起的瑞利散射主要发生在可见光和近红外波段。大气微粒引起的米氏散射从近紫外到红外波段都有影响。当波长进入红外波段后，米氏散射的影响超过瑞利散射。大气云层中，小雨滴的直径相对其他微粒最大，对可见光只有无选择性散射发生，云层越厚，散射越强。而对微波来说，微波波长比雨滴粒子的直径大得多，则又属于瑞利散射的类型，但由于散射强度与波长四次方成反比，波长越长散射强度越小，所以微波对云雨有最小散射、最大透射，而被称为具有穿云透雾的能力。

2. 大气反射

电磁波在传播过程中，若通过两种介质的交界面，则会出现反射现象。大气的反射比较小，但云雨的反射现象比较明显。例如在云层顶部，云对可见光的反射非常明显，而且反射强度很大，这样削弱了可见光的透过能力。因此，在遥感影像上，经常能看到大片白色的云，而云层下面的地物看不到。这些都是云层的反射现象。如果你乘坐飞机，你会感受到明显的云层反射现象。因此，对于可见光遥感，天气变得极为重要，应尽量选择无云、晴朗的天气接受遥感信号。

3. 大气吸收

大气吸收是将辐射能量转换成大气内部的能量。大气中对太阳辐射的主要吸收来自水蒸气、二氧化碳和臭氧。这些气体分子对不同波长的电磁波具有选择性吸收能力。根据实验测定，这些气体的主要的吸收带包括如下几个（图 2-7）：

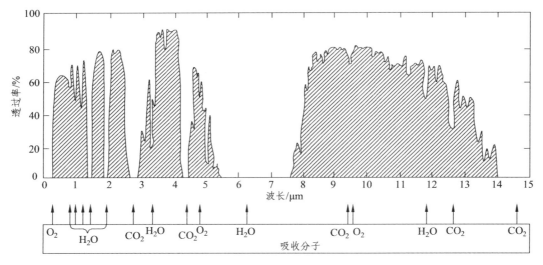

图 2-7　大气中各种分子对电磁波的吸收特性

臭氧吸收带：主要在 0.3 μm 以下的紫外区的电磁波段，另外在 0.96 μm 处有弱吸收，在 4.75 μm 和 14 μm 处的吸收更弱。

二氧化碳吸收带：二氧化碳吸收带主要有 4 处。它们分别是：2.60~2.80 μm，其中吸收峰值为 2.70 μm 处；4.10~4.45 μm，吸收峰值在 4.3 μm 处；9.10~10.9 μm，吸收峰值在 10.0 μm 处；12.9~17.1 μm，吸收峰值在 14.4 μm 处。二氧化碳的吸收带全在红外区。

水蒸气吸收带分别是：0.7~1.95 μm，吸收峰值在 1.38 μm 和 1.87 μm 处；

2.5~3.0 μm，在 2.70 μm 处为最强；4.9~8.7 μm，在 6.3 μm 处为最强；15 μm~1 mm 的超远红外区；微波中的 1.64 mm 和 1.348 cm 处。

氧气对微波中 0.253 cm 和 0.55 cm 波长的电磁波也有吸收能力。甲烷、二氧化氮、一氧化碳、氨气、硫化氢、二氧化硫等也具有吸收电磁波的作用，但吸收率很低。

4. 大气的透过率与大气窗口

由于大气分子和大气中的气溶胶粒子的影响，光线在透过大气的同时被吸收和散射，由此引起电磁波衰减。从能量角度来看，一个理想物体的反射率、吸收率和透射率之和恒等于 1。

对于大气来说，太阳辐射经过大气传输后，反射损失占 30%，散射占 22%，吸收占 17%，透射占 31%，这些透射的电磁波还是不连续的。因此，对遥感传感器而言，只能选择透过率高的波段，才对观测有意义。我们通常把电磁波通过大气层时较少被反射、吸收或散射，透过率较高的波段称为大气窗口。

大气窗口（图 2-8）的光谱段主要有以下波段：

0.3~1.3 μm，即紫外、可见光、近红外波段。这一波段是摄影成像的最佳波段，也是许多卫星传感器扫描的常用波段。

1.5~1.8 μm 和 2.0~3.5 μm，即近、中红外波段，是白天日照条件好时扫描成像的常用波段。该波段用以探测植物含水量以及云、雪，或用于地质制图等。

3.5~5.5 μm，即中红外波段。该波段除了反射外，地面物体也可以自身发射该波长的电磁波。此波段可以获得地面物体的温度或者探测海面温度等。

8~14 μm，远红外波段。该波段主要监测来自地物热辐射的能量，适于夜间成像。

0.8~300 cm，微波波段。由于微波穿透云雾能力强，这一区间可以全天候观测，一般采用主动遥感方式。常用的波段为 0.8 cm、3 cm、5 cm、10 cm 甚至 300 cm 等。

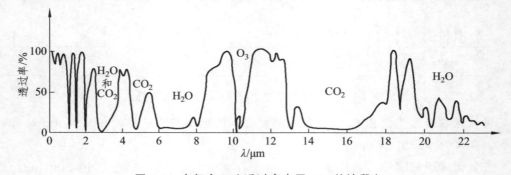

图 2-8　大气窗口（透过率大于 80% 的波段）

【例 2-1】已知日地平均距离为 1 天文单位，即 1 天文单位=1.496×10^{11}m，太阳常数=1 360 W/m^2，太阳的半径为 6.96×10^{8}m。求：（1）太阳的总辐射通量 Φ；（2）太阳的辐射出射度 M。

【解】（1）太阳时时刻刻在向四面八方辐射能量，由于太阳是一个正圆形球体，所以在每个方向上辐射的能量可以看成相同。设想有一个空心球体，其半径为 1 个天文单位，此时这个球体整个表面在每一秒钟接受的能量就是太阳的总辐射通量 Φ。

故

$$\begin{aligned}
\Phi &= 太阳常数 \times 球体表面积 \\
&= 1360\ \text{W}/\text{m}^2 \times 4\pi R^2 \\
&= 1.36 \times 10^3\ \text{W}/\text{m}^2 \times 4 \times 3.14 \times (1.496 \times 10^{11})^2\ \text{m}^2 \\
&= 3.823 \times 10^{26}\ \text{W}
\end{aligned}$$

（2）太阳的总辐射通量是通过太阳整体表面向外辐射的，因此太阳的辐射出射度就是在太阳表面每平方米上的辐射通量，即：

$$\begin{aligned}
M &= \frac{\Phi}{太阳表面面积} = \frac{3.823 \times 10^{26}\ \text{W}}{4 \times 3.14 \times (6.96 \times 10^8\ \text{m})^2} \\
&= 6.283 \times 10^7\ \text{W}/\text{m}^2
\end{aligned}$$

【例 2-2】已知太阳表面的辐射出射度 $M = 6.283 \times 10^7\ \text{W}/\text{m}^2$，求太阳的有效温度和太阳光谱中辐射最强波长 $\lambda_{\max}$。

【解】（1）根据斯特藩-玻尔兹曼定律：

$$M = \delta T^4 (\delta = 5.67 \times 10^8\ \text{W} \cdot \text{m}^{-2} \cdot \text{K}^{-4})，可得$$

$$T = \sqrt[4]{\frac{M}{8}} = \sqrt[4]{\frac{6.283 \times 10^7\ \text{W} \cdot \text{m}^{-2}}{5.67 \times 10^{-8}\ \text{W} \cdot \text{m}^{-2} \cdot \text{K}^{-4}}} = 5\,769.6\ \text{K}$$

（2）根据维恩位移定律：

$$\lambda_{\max} T = b = 2.898 \times 10^{-3}\ \text{m} \cdot \text{K}$$

所以：

$$\lambda_{\max} = \frac{b}{T} = \frac{2.898 \times 10^{-3}\ \text{m} \cdot \text{K}}{5\,769.6\ \text{K}} = 5.02 \times 10^{-7}\ \text{m} = 502\ \text{nm}$$

即太阳的最强辐射波长为 502 nm，这个波长处于我们常说的绿光波段。

致学生：在做物理题时，构建准确的物理模型来描述物理现象至关重要。没有准确的物理模型，就无法准确地描述世界上已经存在的客观事实。例如，太阳是一个有温度的球体，这个大家都知道，也能感受到太阳的光辉，那么太阳的温度是多少？是一个无穷大的数值？还是一个有限值？如何测定太阳的温度？通过例 2-1 和例 2-2，就可以求得太阳的温度。这就是说，通过测定地球表面的太阳常数，就可以推算出太阳的温度，这个过程需要构建一连串的准确物理模型来描述客观存在的事实。这种能力需要学生在学习的过程中逐渐培养起来。当然计算太阳的温度还有另外一种办法。同学们想想，这种办法是什么？

　　另外，通过测定地球表面的太阳常数来推算太阳的温度也会得到错误的结果。这并不是模型的错误，而是因为太阳常数受大气的干扰非常厉害。因此，为了防止受大气的干扰，今天我们在测定太阳常数时，是在人造卫星上测定的。1837 年—1838年，法国物理学家 Claude Pouillet（1790 年—1868 年）和英国天文学家 John Herschel（1792 年—1871 年）第一次测定太阳常数。由于没有考虑地球大气对光的吸收，他们得到的数值是 680 W/m^2，仅仅是今天公认值 1360 W/m^2 的一半。这个差值已经不是误差，而是错误了。可见要想准确测定太阳常数必须在大气上界，但是在那个时代却无法消除大气的干扰。这个数值的准确测量在卫星上天之前科学家是难以做到的。

2.5　地球的热辐射与地物的反射波谱特征

　　地球作为太阳的一颗行星，它也在时刻向外辐射电磁波。只是由于地球的温度相对于太阳的温度是很小的一个数值，因此地球向外辐射的能量也非常小。一般来说，地球的温度在 300 K（26.85 ℃）上下波动，因此根据维恩位移定律，地球的最强辐射波长 λ_{max} = 9.66 μm。这个波长处于远红外波段。因此地球的辐射属于红外热辐射，这个现象对于热红外遥感极为重要。

　　同样，地球上的地物，除了自身有一定温度之外，还会因吸收太阳光等外来能量而受热增温。地球表面的地物除了自身辐射电磁波的同时，还反射电磁波，尤其是太阳辐射过来的可见光。因此一般地物都有波谱发射率与波谱反射率的特征。

2.5.1　地物的波谱发射率（比辐射率）

　　地物发射的某一波长的辐射通量密度 W_λ' 与同温下黑体在该波长上的辐射通量密度 W_λ 之比，称为地物波谱发射率，或者称为地物的比辐射率，记为 ε_λ，即：

$$\varepsilon_\lambda = \frac{W_\lambda'}{W_\lambda}$$

　　因为在相同温度下，地物的电磁波辐射能力比黑体的辐射能力要小，因此 ε_λ 一般大于 0 而小于 1。表 2-3 列出了常温下一些不同地物的发射率 ε_λ。

　　一般情况下，不同地物有不同的 ε_λ。同一地物在不同波段的波谱发射率也不相同。不同地物间的波谱发射率的差异也代表了地物间发射能力的不同。发射率大的地物，其发射电磁波的能力强。而且发射率 ε_λ 还与温度也有关系，表 2-4 列出了石英岩与花岗岩在不同温度时的 ε_λ 的变化情况。

表 2-3　常温下部分物体的 ε_λ

地物名称	ε_λ	地物名称	ε_λ	地物名称	ε_λ
人体皮肤	0.99	混凝土	0.90	土　路	0.83
木　板	0.98	橡木板	0.90	粗钢板	0.82
灌　木	0.98	稻　田	0.89	玄武岩	0.69
大理石	0.95	石　英	0.89	花岗岩	0.44
干　沙	0.95	黑　土	0.87	石　油	0.27
麦　地	0.93	黄黏土	0.85	铝（光面）	0.04
柏油路	0.93	草　地	0.84		

表 2-4　不同温度下石英岩与花岗岩的 ε_λ 的变化

温度 / °C	-20	0	20	40
石英岩	0.694	0.682	0.621	0.664
花岗岩	0.787	0.783	0.780	0.777

2.5.2　地物的波谱发射特征曲线

地物在不同波段上发射的辐射通量密度不同，即其波谱发射率 ε_λ 是 λ 的函数。以波长 λ 为横轴， ε_λ 为纵轴，可以绘制出地物的波谱发射特性曲线，如图 2-9 所示。由图 2-9 可以看出，实际地物的发射可以分两种情况。一种是地物的发射率在各波长处基本不变，这种地物我们称为灰体；另外一种是地物的发射率在各波长处有起伏变化，这种物体我们称为选择性辐射体。这样我们可以把地物分为以下几种类型：绝对黑体， $\varepsilon_\lambda = 1$ ；灰体， ε_λ 稳定，介于 0、1 之间；选择性辐射体， ε_λ 是 λ 的可变函数；理想反射体（绝对白体）， $\varepsilon_\lambda = 0$ 。

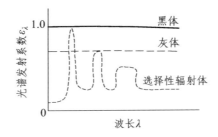

图 2-9　不同类型地物的波谱辐射特征曲线

地物的发射率对同一个物体而言，也是一个变值。即 ε_λ 还与地物性质、表面光滑程度、温度等有关，一般常用平均发射率来表示它的发射能力。

2.5.3 地物的光谱（波谱）反射率与地物反射波谱曲线

地物在某一波长的反射通量 $E_{\rho\lambda}$ 与入射通量 E_λ 之比，称为地物光谱（波谱）反射率，记为 ρ_λ，即：

$$\rho_\lambda = \frac{E_{\rho\lambda}}{E_\lambda}$$

地物波谱反射率随波长的变化而改变的特性，我们称为地物反射波谱特性。一般来说，不同地物有不同的光谱反射率，同一地物在不同波段有不同的光谱反射率。因此，不同地物在同一幅图像上会有不同的色调；同一地物在不同波段也会有不同的反射率。同样，依据反射特征曲线的形状，我们可以把地物大致分为两类：光谱反射率基本不随波长变化而变化的地物——灰体，如湿黏土、灰白大理石等；光谱反射率随波长变化而显著变化的地物——选择性反射体，如针叶林、小麦地等等。图 2-10 是地面典型地物，如小麦、沙漠、雪的反射光谱曲线，它们对光谱有明显的选择性吸收现象。

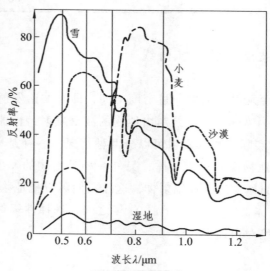

图 2-10　地面典型地物的反射光谱曲线

【例 2-3】没有显著的选择吸收，吸收率虽然小于 1，但基本不随波长变化，这种物体叫作灰体。一般的金属材料都可以看成灰体（图 2-11）。已氧化的铜表面的温度为 1 000 K，比辐射率为 0.7，求此时该物体的辐射出射度。

【解】（1）根据斯特藩–玻尔兹曼定律，先求黑体在 1 000 K 的辐射出射度：

$$M_0 = \delta T^4 = 5.67 \times \frac{10^{-8}\,\mathrm{W}}{\mathrm{m}^2 \cdot \mathrm{K}^4} \times (1000\,\mathrm{K})^4 = 56\,700\,\mathrm{W/m}^2$$

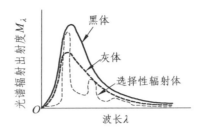

图 2-11 不同类型的辐射体

（2）根据灰体的定义，灰体与黑体之间有一固定的比辐射率，故灰体的辐射出射度等于：

$$M = \varepsilon M_0 = 0.7 \times 56\,700 = 39\,690 \text{ W / m}^2$$

2.5.4 红外波段中的太阳辐射与地表地物辐射的联合作用

常温下地物热辐射的电磁波主要集中在热红外波段，而太阳也在热红外波段有较强的辐射。因此在整个红外光谱区，传感器所接收的电磁波由太阳辐射和地物辐射两部分组成。这与可见光辐射有本质的区别，因为地表自身的辐射在可见光区域几乎为零。因此，在红外波段，要考虑太阳辐射与地表地物辐射的联合作用。

1. 近红外

近红外光谱区为 0.7~3.0μm，这部分辐射主要还是来自太阳辐射，其太阳的辐射通量密度约为 10^2 W/m^2 的数量级，而地物辐射在近红外波段能量很小，其大小只有 0.1 W/m^2 的数量级。这个比值约为 1 000：1。因此，在此波段只反映地物对太阳辐射的反射，而基本上不考虑地物本身的热辐射。离开了太阳辐射就不能进行近红外遥感，因此，近红外遥感只能在白昼成像。

2. 中红外

中红外波段是 3~5 μm，这个波段既有太阳辐射，又有地物辐射。在此波段范围内太阳的辐射能量减小，其太阳的辐射通量密度约为 10 W/m^2 的数量级，而地物辐射在该波段反而增大，其大小有 1 W/m^2 的数量级。这样，它们之间的比值变为 10：1。所以在此波段，地物对太阳辐射能量的反射是传感器得到的主要信息。由于夜间没有太阳辐射，夜间的遥感信息只能靠地物本身的热辐射，这时对地面上的高温物体效果较好。在此波段昼夜均可成像，但白天成像的影像难以解译。

3. 热红外

热红外波段是 8~14 μm，在此波段内太阳辐射能量很小，太阳的辐射通量密度继续减小，约为 1 W/m² 的数量级，而地物辐射在此波段继续增大，其大小 10~1 000 W/m² 的数量级。当地表温度为 40 ℃ 时，地球的辐射通量密度为 100 W/m²。因此在此波段内遥感响应的主要是地物本身的热辐射，地物反射的太阳辐射能量可以忽略不计。

4. 远红外

远红外即 15~30 μm 波段。地球在此波段的热辐射能量较大，其数量级可达 10 W/m²，太阳辐射在此波段更小，可以忽略。但由于大气在此波段的透过率不高，所以远红外波段不能用于远距离遥感。

太阳辐射与地表辐射的相互作用见图 2-12，它们的交叉区域在 4~9 μm 之间。因此大于 9 μm 之后，不用考虑太阳辐射，只须考虑地表热辐射。而小于 4 μm 时，要重点考虑太阳辐射，可忽略地表热辐射。

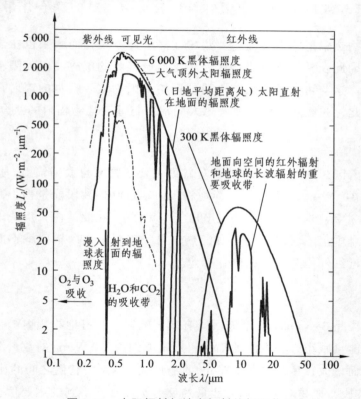

图 2-12　太阳辐射与地表辐射的相互作用

第 3 章　遥感数字图像的获取与存储

3.1　遥感平台与传感器的特征

3.1.1　遥感平台

搭载传感器的工具统称为遥感平台（Platform）。遥感平台按平台距地面的高度大体上可分为两类：航空平台、航天平台。

航空平台主要是指以离地面高度在 30 km 以内的飞机作为遥感平台。按照飞机不同的飞行高度，航空平台又可分为低空平台和高空平台。

低空平台是指飞机在离地面 6 000 m 以下飞行提供的平台。这个高度位于大气的对流层中。一般在进行航空摄影遥感与测绘，获得地面大比例尺地图时，飞机飞行高度一般都在此高度范围。无人机、直升飞机、侦察飞机都可以在此高度范围内飞行。

高空平台是指飞机在离地面 12~30 km 飞行提供的平台。这个高度位于平流层中的同温层。在这个大气层中，大气稀薄，温度一般恒定在-55 ℃，喷气式民航客机经常在此层飞行。在这个高度的大气层中飞行对遥感飞机性能要求较高，一般用于航空遥感的飞机达不到这个高度，军用高空侦察飞机一般在此高度上飞行，无人驾驶飞机的飞行高度也在此范围。

航天平台是指高度在 150 km 以上的人造地球卫星、空间轨道站和航天飞机等，目前对地观测中使用的航天平台主要是遥感卫星。

3.1.2　遥感卫星系列

遥感卫星通常由观测遥感器、数据记录装置、姿态控制系统、通信系统、电源系统、热控制系统等组成。遥感卫星的主要功能是：准确记录传感器的位置，可靠地获取探测对象的数据并将获取的数据传送到地面。为了实现这一目标，卫星位置和姿态的测量、观测仪器的监视、数据的传送等是非常重要的，所有这些在整体上构成了一个复杂的系统。

根据观测对象不同，遥感卫星分为气象遥感卫星系列、海洋遥感卫星系列和陆地遥感卫星系列。而陆地遥感卫星系列又分为低分辨率遥感卫星系列与高分辨率遥感卫星系列。前者以美国 Landsat 卫星和法国 SPOT 卫星为代表，后者高分遥感卫星以 IKONOS 卫星、QuickBird 卫星为代表。下面分别对这些卫星给予介绍。

1. Landsat 卫星

美国于 1972 在世界上第一次发射了第一颗陆地观测卫星 LandSat-1，到目前为止，LandSat 已经发射了 8 颗卫星。

LandSat-4/5 号卫星上搭载的传感器为多光谱扫描仪（MSS），而 LandSat-6/7 搭载的是专题制图仪（TM）和增强型专题制图仪（ETM+）。LandSat-8 搭载的新一代传感器陆地成像仪（OLI，Operational Land Imager），它们的波长设置基本相同，MSS 和 TM 的波段设置见表 3-1。这些传感器都采用光学机械扫描方式获取地面目标的图像。这些卫星的轨道高度基本在 700~800 km，对地面的扫描宽度为 185 km×185 km。LandSat-7 于 1999 年 4 月发射成功，该卫星飞行高度为 705 km，重访周期为 16 d。星上搭载的是改进型的专题绘图仪 ETM+ 和海洋观测宽视场传感器 SeaWiFs（该传感器的分辨率为 1.13km×4.5 km，带宽为 2800 km）。ETM+ 是 TM 的增强型版本，增加了一个全色波段，即 0.50~0.90 μm，并且地面分辨率提高为 15 m，这种改进大大提高了对地面地物的识别和分类能力。

表 3-1　MSS 影像和 TM 影像的波段设置

传感器	波段	波长/μm	IFOV/m
MSS	4	0.5~0.6 绿色	80
	5	0.6~0.7 红色	80
	6	0.7~0.8 近红外	80
	7	0.8~1.1 近红外	80
TM	1	0.45~0.52 蓝色	30
	2	0.52~0.60 绿色	30
	3	0.63~0.69 红色	30
	4	0.76~0.90 近红外	30
	5	1.55~1.75 短波红外	30
	6	10.4~12.5 热红外	120
	7	2.08~2.35 短波红外	30
（ETM+）	8	0.50~0.90 全色	15

TM 影像数据是以景为单位的，一景数据对应地面上 185 km×185 km 的面积，各景的数据根据卫星轨道号和由中心纬度所确定的行号进行确定。这种用轨迹和行坐标确定每一景范围与位置的系统称为全球索引系统 WRS（Worldwide Reference System）。使用者购买遥感影像时，需根据当地的地理坐标来确定对应的数据编号。同时，Landsat 在世界各地设 20 多个地面接收站，利用这些接收站，把获得的数据下载下来。Landsat 是目前利用最为广泛的地球观测卫星，主要用于陆地的资源勘察、环境监测等领域。

2. SPOT 卫星

SPOT 卫星是法国空间研究中心（CNES）研制的一种地球观测卫星系统。"SPOT"系法文 Systeme Probatoire d'Observation dela Terre 的缩写，意即地球观测系统。SPOT 卫星数据由于其具有较高的地面分辨率、可侧视观测并生成立体像对和在短时间内可重复获取同一地区数据，因此优于 Landsat 卫星。

SPOT-1 号卫星于 1986 年 2 月 22 日发射成功。轨道高度 832 km，绕地球一周的平均时间为 101.4 min，重复覆盖周期为 26 d。卫星覆盖全球一次共需 369 条轨道。卫星上载有两台完全相同的高分辨率可见光遥感器（HRV），采用电荷耦合器件（CCD）的推帚式光电扫描仪，其地面分辨率全色波段为 10 m，多波段为 20 m。传感器以"双垂直"方式进行近似垂直扫描时，两台仪器共同覆盖一个宽 117 km 的区域，并且产生一对 SPOT 影像，这种交向观测可获得较高的重复覆盖率和立体像对，便于进行立体测图。SPOT 卫星在设计与使用上有很多可以借鉴的地方。

SPOT-5 于 2002 年 5 月 4 日发射，星上载有 2 台高分辨率几何成像仪（HRG）、1 台高分辨率立体成像仪（HRS）、1 台宽视域植被探测仪（VGT）等，空间分辨率最高可达 2.5m，前后模式实时获得立体像对，运营性能有很大改善，在数据压缩、存储和传输等方面也均有显著提高。

SPOT-6 卫星于 2012 年 9 月 9 日发射，由欧洲的空间技术公司 Astrium 制造，该卫星的分辨率进一步提高，其全色波段为 1.5 m，多光谱波段为 6.0 m。该卫星包含一个全色波段和 4 个多光谱波段。SPOT-7 卫星于 2014 年 6 月 30 日发射，该卫星性能指标与 SPOT-6 相同。SPOT-6 和 SPOT-7 这两颗卫星每天的图像获取能力达到 600 万平方千米，面积大于欧盟成员国的总面积。这两颗卫星预计工作到 2024 年。SPOT-7 具备多种成像模式，包括长条带、大区域、多点目标、双图立体和三图立体等，适合制作 1∶25 000 比例尺的地图。SPOT-6 和 SPOT-7 与两颗昴宿星（Pleiades 1A 和 1B）组成四星星座，这四颗卫星处于同一个轨道平面，彼此之间相隔 90°。该星座具备每日两次的重访能力，由 SPOT 卫星提供大范围普查图像，而 Pleiades 针对特定目标区域提供 0.5 m 的详查图像。

SPOT 的一景影像对应地面上 60 km×60 km 的面积，各景位置根据 GRS（SPOT

Grid Reference System）由列号（K）和行号（J）的交点（节点）来确定。SPOT 的数据被世界上 14 个地面站所接收，数据的应用目的和 Landsat 数据相同，以陆地监测为主。由于它的图像分辨率比 Landsat 高，同时因为是双机测量，因此可以进行立体观测和高程量测，也可以制作 1：5 万的地形图。

3. IKONOS 卫星与 QuickBird 卫星（高分影像卫星）

IKONOS 卫星与 QuickBird 卫星都属于高分影像卫星（高空间分辨率卫星）。一般来说，当卫星的全色波段的分辨率小于等于 1 m 时，我们把这样的卫星称为高分卫星。

IKONOS 卫星由美国 Spacing Imaging 公司在 1999 年 9 月 24 日发射成功。它是世界上第一颗提供高分辨率卫星影像的商业遥感卫星。IKONOS 卫星的成功发射不仅实现了提供高清晰度且分辨率达 1 m 的卫星影像，而且开拓了一个新的、更快捷、更经济获得最新基础地理信息的途径，更是创立了崭新的商业化卫星影像的标准。IKONOS 卫星可采集 1 m 分辨率全色和 4 m 分辨率多光谱影像。该卫星的运行轨道为 681 km 的高度，重访周期为 3 d，并且可从卫星直接向全球 12 个地面站传输数据。

QuickBird 卫星于 2001 年 10 月 18 日由美国 DigitalGlobe 公司在美国范登堡空军基地发射，是世界上最先提供亚米级分辨率的商业卫星，其卫星影像的全色分辨率进一步提高为 0.61 m。

高分卫星是目前遥感发展的一个重要方向。各个国家发射的高分卫星也是多之又多。其中地面分辨率最高的当属 GeoEye 卫星，其全色波段的地面分辨率已经达到 0.41 m。

GeoEye-1 是美国地球眼卫星公司（GeoEye Inc）发射的第一颗卫星。GeoEye-1 是一颗对地观测卫星，主要用于拍摄地面高分辨率的影像。2008 年 9 月 6 日，GeoEye-1 卫星由 Delta-2 运载火箭从美国范登堡空军基地发射。GeoEye 卫星是美国地球眼公司发展的第二代高分辨率商业遥感卫星，是 IKONOS 卫星的替代产品。该卫星原名为 OrbView-5，后来改为 GeoEye-1。该卫星运行高度为 681 km、倾角为 98°，属于太阳同步轨道卫星。轨道周期 98 min，重访周期小于 3 d。卫星全色谱段为 450~900 nm，分辨率为 0.41 m；多光谱 4 个谱段，分别是 450~510 nm、520~580 nm、655~690 nm 和 780~920 nm，分辨率为 1.64 m。成像幅宽 15.2 km。

图 3-1 为 GeoEye-1 拍摄的第一张遥感影像——位于美国宾夕法尼亚州的库茨敦大学（Kutztown University）的鸟瞰图。该影像如此清晰，已经可以和航空影像相媲美。

图 3-1 GeoEye-1 拍摄的第一张遥感影像

3.1.3 传感器

传感器是收集、探测、记录地物电磁波辐射信息的工具。它的性能决定了遥感优劣。传感器的种类很多，对于不同波段，设计的传感器也不同。而且传感器有成像和非成像之分。对于可见光遥感，传感器最大的进展，就是由过去的胶片时代发展到今天的 CCD 和 CMOS 时代。今天我们使用的数码相机、手机上的摄像功能，背后离不开核心器件 CCD 与 CMOS。而 CCD 与 CMOS 发展历史并不长。

CCD（Charge Coupled Device，电荷耦合器件）是一种半导体器件，能够把光学影像信号直接转化为电信号，抛去了过去把光信号转换为化学影像信号的胶片感光法。它是美国贝尔实验室的维拉·波义耳和乔治·史密斯于 1969 年发明的。CCD 使用一种高感光度的半导体材料集成，它能够根据照射在其面上的光线产生相应的电荷信号，再通过模数转换器芯片转换成"0"或"1"的数字信号，这种数字信号经过压缩和程序排列后，可由闪速存储器或硬盘卡保存。即将光信号转换成计算机能识别的电子图像信号，这样可对被测物体进行准确的测量、分析。

CCD 可直接将光学信号转换为模拟电流信号，经过放大和模数转换，实现图像的获取、存储、传输、处理和复现。它具有体积小、重量轻、功耗小、灵敏度高和响应速度快等特点。CCD 被广泛应用于数码摄影、天文学、光学遥测技术、光学与频谱望远镜和高速摄影技术等领域。

50 年来，CCD 器件（图 3-2）及其应用技术的研究取得了惊人的进展，特别是在图像传感和非接触测量领域的发展更为迅速。随着 CCD 技术和理论的不断发展，CCD 技术应用的广度与深度必将越来越大。

图 3-2　CCD 器件

2009 年，瑞典皇家科学院诺贝尔奖委员会宣布将诺贝尔物理学奖项授予中国香港科学家高锟和两名科学家维拉·波义耳（Willard S. Boyle）、乔治·史密斯（George E. Smith）。高锟因为"在光学通信领域中光的传输的开创性成就" 而获奖，科学家波义耳和乔治·史密斯因 "发明了成像半导体电路——电荷耦合器件图像传感器 CCD" 获此殊荣。

另外一种感光器件是互补金属氧化物半导体 CMOS(Complementary Metal Oxide Semiconductor)，是电压控制的一种放大器件，也是组成 CMOS 数字集成电路的基本单元，如图 3-3。CMOS 制造工艺常常被应用于制作数码影像器材的感光元件，尤其是片幅规格较大的单反数码相机。再透过芯片上的模-数转换器（ADC）将获得的影像信号转变为数字信号输出。

图 3-3　CMOS 互补金属氧化物半导体

CMOS 与 CCD 图像传感器光电转换的原理相同，它们最主要的差别在于信号的读出过程不同：由于 CCD 仅有一个（或少数几个）输出节点统一读出，其信号输出的一致性非常好；而 CMOS 芯片中，每个像素都有各自的信号放大器，各自进行电荷-电压的转换，其信号输出的一致性较差。但是 CCD 为了读出整幅图像信号，要求输出放大器的信号带宽较宽，而在 CMOS 芯片中，每个像元中的放大器的带宽要求较低，大大降低了芯片的功耗，这就是 CMOS 芯片功耗比 CCD 要低的主要原因。

尽管降低了功耗，但是数以百万的放大器的不一致性却带来了更高的固定噪声，这又是 CMOS 相对 CCD 的固有劣势。

从制造工艺的角度看，CCD 中电路和器件是集成在半导体单晶材料上的，工艺较复杂，世界上只有少数几家厂商能够生产 CCD 晶元，如 DALSA、SONY、松下等。CCD 仅能输出模拟电信号，需要后续的地址译码器、模拟转换器、图像信号处理器处理，并且还需要提供三组不同电压的电源同步时钟控制电路，集成度非常低。而 CMOS 集成在被称作金属氧化物的半导体材料上，这种工艺与生产数以万计的计算机芯片和存储设备等半导体集成电路的工艺相同，因此生产 CMOS 的成本相对 CCD 低很多。同时 CMOS 芯片能将图像信号放大器、信号读取电路、A/D 转换电路、图像信号处理器及控制器等集成到一块芯片上，只需一块芯片就可以实现相机的所有基本功能，集成度很高，芯片级相机概念就是从这产生的。随着 CMOS 成像技术的不断发展，有越来越多的公司可以提供高品质的 CMOS 成像芯片，包括 Micron、CMOSIS、Cypress 等。

在速度方面，CCD 采用逐个光敏输出，只能按照规定的程序输出，速度较慢。CMOS 有多个电荷-电压转换器和行列开关控制，读出速度快很多，大部分 500f/s 以上的高速相机都是 CMOS 相机。此外，CMOS 的地址选通开关可以随机采样，实现子窗口输出，在仅输出子窗口图像时可以获得更高的速度。在噪声方面，CCD 技术发展较早，比较成熟，采用 PN 结或二氧化硅（SiO_2）隔离层隔离噪声，成像质量相对 CMOS 光电传感器有一定优势。由于 CMOS 图像传感器集成度高，各元件、电路之间距离很近，干扰比较严重，噪声对图像质量影响很大。CMOS 电路消噪技术的不断发展，为生产高密度优质的 CMOS 图像传感器提供了良好的条件。

维拉·斯特林·波义耳（Willard Sterling Boyle，1924 年 8 月 19 日—2011 年 5 月 7 日），加拿大物理学家，激光技术领域的先驱和电荷耦合器（CCD）的共同发明人。他发明的 CCD 传感器，已成为当今社会几乎所有摄影领域的电子眼。

波义耳出生于加拿大新斯科舍省，是一名医生的儿子，当他不到两岁的时候，他和他的父亲、母亲伯尼斯搬到了魁北克。在 14 岁之前，波义耳仅仅在家里接受母亲教育，后来在蒙特利尔完成了他的第二个学业。波义耳曾就读于麦克吉尔大学，但他的教育因为第二次世界大战在 1943 被中断，随后加入了加拿大皇家海军，1950 年获麦克吉尔大学博士学位。在接受博士学位后，波义耳在加拿大的辐射实验室待了一年，在加拿大皇家军事学院教了两年物理。1953年，波义耳加入贝尔实验室，在那里他与尼尔森在1962年发明了第一个连续运行的红宝石激光器。1962年，波义耳担任空间科学与探测实验室主任，为阿波罗太空计划提供支持，并帮助选择月球着陆点。1964年，回到贝尔实验室，致力于集成电路的发展。

1969年，波义耳和George E. Smith发明了电荷耦合器件（CCD），他们在1973年共同获得了富兰克林研究院科学博物馆的斯图尔特巴伦坦奖章、1974年IEEE莫里斯·利伯曼纪念奖、2006年查尔斯斯塔克德雷珀奖和2009年诺贝尔物理学奖。因为CCD的发明，美国航空航天局才能从太空向地球发送清晰的照片；因为CCD的发明，今天的数码相机才风靡世界。史密斯谈到他们的发明时说："在制作了第一对成像设备之后，我们确实知道化学摄影已经死亡。"

波义耳是贝尔实验室1975年的执行董事，直到1979年退休。1946年波义耳与贝蒂结婚，有4个孩子。波义耳晚年患肾病，2011年5月7日在新斯科舍省去世。

史密斯（George Elwood Smith），生于1930年5月10日，美国科学家，应用物理学家，CCD的发明者。2017年，史密斯因为对数字成像传感器的发明创造做出贡献，而获得伊丽莎白女王奖。

史密斯出生于纽约怀特普莱恩斯。史密斯在美国海军服役，随后于1955在宾夕法尼亚大学获得学士学位，1959年在芝加哥大学获得博士学位，论文仅为8页。从1959年到1986年退休，他在新泽西贝尔实验室工作。在任职期间，史密斯获得了数十项专利，最终领导了超大规模集成电路设备部门。

波义耳和史密斯都是热心的水手，他们一起旅行了很多次。退休后，史密斯和珍妮特一起环游世界17年，直到2003年放弃。2015年，史密斯获得了皇家摄影学会的进步勋章和荣誉奖学金。

3.2 遥感数字图像的获取与数据格式

3.2.1 遥感图像的存储格式

遥感影像从传感器接收下来，主要以数字的形式保存在光盘、磁盘和磁带中。

遥感图像包括多个波段，怎样存储这些数字图像呢？目前基本上包括以下 3 种通用格式：BSQ、BIL 和 BIP 格式。不同传感器保存数据的方式基本是以上三种中的一种，因此在图像处理之前，遥感图像处理软件要对不同传感器获取的图像数据进行转换，转化为我们常见的 TIFF、JPEG 格式。

1. BSQ 格式

BSQ（Band Sequential）是像素按波段顺序依次排列的数据格式。即先按照波段顺序分块排列，在每个波段块内，再按照行列顺序排列。同一波段的像素保存在 1 个块中，这保证了像素空间位置的连续性。

设图像数据为 N 列，M 行，K 个波段。那么在 BSQ 格式中，数据排列遵循以下规律：第 1 波段为第 1 块，第 2 波段为第 2 块，……，第 K 波段为第 K 块。这样，每个波段块中，像素按行列顺序存储（表 3-2）。

表 3-2 BSQ 格式中的数据排列方式

第一波段	$(1,1)$	$(1,2)$	$(1,3)$	$(1,4)$	$\cdots$	$(1,N)$
	$(2,1)$	$(2,2)$	$(2,3)$	$(2,4)$	$\cdots$	$(2,N)$
	$\cdots$	$\cdots$	$\cdots$	$\cdots$	$\cdots$	$\cdots$
	$(M,1)$	$(M,2)$	$(M,3)$	$(M,4)$	$\cdots$	(M,N)
第二波段	$(1,1)$	$(1,2)$	$(1,3)$	$(1,4)$	$\cdots$	$(1,N)$
	$(2,1)$	$(2,2)$	$(2,3)$	$(2,4)$	$\cdots$	$(2,N)$
	$\cdots$	$\cdots$	$\cdots$	$\cdots$	$\cdots$	$\cdots$
	$(M,1)$	$(M,2)$	$(M,3)$	$(M,4)$	$\cdots$	(M,N)
第三波段	$(1,1)$	$(1,2)$	$(1,3)$	$(1,4)$	$\cdots$	$(1,N)$
	$(2,1)$	$(2,2)$	$(2,3)$	$(2,4)$	$\cdots$	$(2,N)$
	$\cdots$	$\cdots$	$\cdots$	$\cdots$	$\cdots$	$\cdots$
	$(M,1)$	$(M,2)$	$(M,3)$	$(M,4)$	$\cdots$	(M,N)
第 K 波段	$(1,1)$	$(1,2)$	$(1,3)$	$(1,4)$	$\cdots$	$(1,N)$
	$(2,1)$	$(2,2)$	$(2,3)$	$(2,4)$	$\cdots$	$(2,N)$
	$\cdots$	$\cdots$	$\cdots$	$\cdots$	$\cdots$	$\cdots$
	$(M,1)$	$(M,2)$	$(M,3)$	$(M,4)$	$\cdots$	(M,N)

2. BIL 格式

BIL（Band interleaved By Line）格式中，所有像素先以行为单位分块。在每个块内，按照波段顺序排列像素。同一行不同波段的数据保存在一个数据块中。像素的空间位置在列的方向上是连续的。

假设数据有 K 个波段，那么数据排列遵循以下规律：第 1 行第 1 波段数据，然后第 1 行第 2 波段数据，然后第 1 行第 K 波段，这些数据组成一个块。……到 M 块内，先是第 M 行第 1 波段数据，然后第 M 行第 2 波段，然后第 M 行第 K 波段（表3-3）。

表 3-3　BIL 格式中的数据排列方式

行数	波段	对应的影像位置					
第 1 行	第 1 波段	（1, 1）	（1, 2）	（1, 3）	（1, 4）	⋯	（1, N）
	第 2 波段	（1, 1）	（1, 2）	（1, 3）	（1, 4）	⋯	（1, N）
	⋮	⋮	⋮	⋮	⋮		⋮
	第 K 波段	（1, 1）	（1, 2）	（1, 3）	（1, 4）	⋯	（1, N）
第 2 行	第 1 波段	（2, 1）	（2, 2）	（2, 3）	（2, 4）	⋯	（1, N）
	第 2 波段	（2, 1）	（2, 2）	（2, 3）	（2, 4）	⋯	（1, N）
		⋮	⋮	⋮	⋮	⋮	⋮

3. BIP 格式

BIP（Band Interleaved by Pixel）格式中，以像素为核心，像素的各个波段数据保存在一起，打破了像素空间位置的连续性。该格式保持行的顺序不变，在列的方向上分块，每个块内为当前像素不同波段的像素值。

数据排序遵循以下规律：第 1 个存储单元为第一个像素的第 1 波段，第 2 个存储单元为第 1 个像素的第 2 波段值，以此类推，得到如表 3-4 的排列方式。

表 3-4　BIL 格式中的数据排列方式

行数	列					
	第 1 列			第 2 列		
	第 1 波段	第 2 波段	第 K 波段	第 1 波段	⋯	第 K 波段
第 1 块	（1, 1）	（1, 1）	（1, 1）	（1, 2）	⋯	（1, 2）
第 2 块	（2, 1）	（2, 1）	（2, 1）	（2, 2）	⋯	（2, 2）
⋮	⋮	⋮	⋮	⋮		⋮
第 M 块	（M, 1）	（M, 1）	（M, 1）	（M, 2）	⋯	（M, 2）

上面讲述了遥感数字图像从卫星上接收的数据格式。这些格式，一般图形软件未必能进行读取，因此往往还需要利用专业软件对这些数据格式进行转换。

3.2.2　计算机图形软件中的常见图像格式

在计算机图形软件中常用的图像格式是 JPEG、TIF、BMP 格式。JPEG 是一种有损压缩，而 TIF 是一种无损压缩。在遥感图像中，一般希望对图像保留各种原始信息，不希望有所损失，因此常常使用 TIF 格式，而不使用 JPEG 格式。下面对计算机软件经常处理的图像格式做一简单的阐述。

1. JPEG 格式

JPEG（Joint Photographic Experts Group）是常见的一种图像格式，它由联合照片专家组开发并命名为"ISO 10918-1"，JPEG 仅仅是一种俗称而已。

JPEG 图像格式，利用十分先进的压缩技术，去除冗余的图像和彩色数据，在取得极高的压缩率的同时，展现出十分丰富生动的图像。换句话说，就是可以用最少的磁盘空间得到较好的图像质量。

同时 JPEG 还是一种很灵活的格式，具有调节图像质量的功能，允许你用不同的压缩比例对这种文件进行压缩，支持多种压缩级别，压缩比率通常在 10：1 到 40：1之间。压缩比越大，品质就越低；相反地，压缩比越小，品质就越好。比如我们最高可以把 1.37 MB 的 BMP 位图文件压缩至 20.3 KB。当然我们完全可以在图像质量和文件尺寸之间找到平衡点。JPEG 格式压缩的主要是高频信息，对色彩的信息保留较好，适合应用于互联网，可减少图像的传输时间，可以支持 24 bit 真彩色，也普遍应用于需要连续色调的图像。

JPEG 文件的后缀名一般为"．jpg"或"．jpeg"，是最常用的图像文件格式，是一种有损压缩格式，能够将图像压缩在很小的储存空间中，图像中重复或不重要的资料会被丢失，因此容易造成图像数据的损伤。尤其是使用过高的压缩比例，将使最终解压缩后恢复的图像质量明显降低，如果追求高品质图像，不宜采用过高比例压缩。

JPEG 格式是目前网络上最流行的图像格式，是可以把文件压缩到最小的格式，在 Photoshop 软件中以 JPEG 格式储存时，提供 11 级压缩级别，以 0~10 级表示。其中 0 级压缩比最高，图像品质最差。即使采用细节几乎无损的 10 级质量保存时，压缩比也可达 5：1。以 BMP 格式保存时得到 4.28MB 图像文件，在采用 JPG 格式保存时，其文件仅为 178KB，压缩比达到 24：1。经过多次比较，采用第 8 级压缩为存储空间与图像质量兼得的最佳比例。JPG 文件的优点是体积小巧，并且兼容性好。

JPEG2000 作为 JPEG 的升级版，其压缩率比 JPEG 高约 30%，同时支持有损和无损压缩。JPEG2000 格式有一个极其重要的特征在于它能实现渐进传输，即先传输图像的轮廓，然后逐步传输数据，不断提高图像质量，让图像从朦胧到清晰显示。此外，JPEG2000 还支持所谓的"感兴趣区域"特性，可以任意指定影像上感兴趣区域的压缩质量，还可以选择指定的部分先解压缩。

2. TIFF 图像格式

标记图像文件格式 TIFF（Tag Image File Format）是另外一种广泛使用的图像格式。它由 Aldus 和微软联合开发，最初是出于跨平台存储扫描图像的需要而设计的。目前，TIFF 与 JPEG 和 PNG 一起成为流行的高位彩色图像格式。TIFF 的特点是图像格式复杂、存储信息多。正因为它存储的图像细微层次的信息非常多，图像的质量也得以提高，故而非常有利于原稿的复制。

TIFF 是一种通用的位映射图像格式，可以支持从单色到 24 位真彩色的任何图像，其特点是扩展性好，移植方便，可改性强。它可以在不影响原有的应用程序读取图像文件的同时让图像支持新的信息域，也可以在不违反原有格式的前提下支持新的图像类型。不同版本的 TIFF 都可以在不同的平台下方便使用，它与计算机、操作系统和图形处理的硬件没有关系。

TIFF 由于采用了指针的方式来存储信息和数据，其存储方式是多种多样的，一种软件不可能读取所有的 TIFF 文件。在同一个 TIFF 文件中，存放的图像可能不止一幅而是多幅。图像数据可以存储在文件的任何地方，也可以是任意的长度。

由于 TIFF 文件支持不同的平台和不同的软件，所以它的结构是多种的、可变的。TIFF 文件有多种压缩存储方式，常用的有 3 种，即不压缩、LAW 压缩方式和 PackBits 压缩方式。任意新的压缩方式都可以加入其中，因此 TIFF 格式是一种永不过时的图像文件格式。

3. GeoTIFF 图像格式

随着遥感技术的日渐成熟，遥感影像数据的获取正在向多传感器、多分辨率、多波段相方向发展，这就迫切需要一种标准的遥感数字影像格式。GeoTIFF（Geographically Registered Tagged Image File Format）格式应运而生。aldus adobe 公司的 TIFF 格式是当今应用最广泛的栅格图像格式之一，具有独立性和扩展性等特点。GeoTIFF 利用了 TIFF 的可扩展性，在其基础上添加了一系列标志地理信息的标签（Tag），来描述卫星成像系统、航空摄影地图信息和 DEM 等。一个 GeoTIFF 文件其实也就是一个 TIFF6.0 文件，它的结构继承了 TIFF6.0 标准，所以其结构上严格符合 TIFF 的要求。所有的 GeoTIFF 特有的信息都编码在 TIFF 的一些预留标签中，它没有自己的 IFD（图像文件目录）、二进制结构以及其他一些对 TIFF 来说不可见的信息。

GeoTIFF 设计使得标准的地图坐标系定义可以随意存储为单一的注册标签。GeoTIFF 也支持非标准坐标系的描述，为了在不同的坐标系间转换，可以通过使用 3~4 个另设的 TIFF 标签来实现。然而，为了在各种不同的客户端和 GeoTIFF 提供者间正确交换，最好建立一个通用的系统来描述地图投影。

GeoTIFF 目前支持 3 种坐标空间：栅格空间（raster space）、设备空间（device space）和模型空间（model space）。栅格空间和设备空间是 TIFF 格式定义的，它们实现了图像的设备无关性及其在栅格空间内的定位。为了支持影像和 DEM 数据的存储，GeoTIFF 又将栅格空间细分为描述"面像素"和"点像素"的两类坐标系统。设备空间通常在数据输入/输出时发挥作用，与 GeoTIFF 的解析无关。GeoTIFF 增加了一个模型坐标空间，准确实现了对地理坐标的描述，根据不同需要可选用地理坐标系、地心坐标系、投影坐标系和垂直坐标系（涉及高度或深度时）。

GeoTIFF 描述地理信息条理清晰、结构严谨，而且容易实现与其他遥感影像格式的转换，因此，GeoTIFF 图像格式的应用十分广泛，绝大多数遥感和 GIS 软件都支持读写 GeoTIFF 格式的图像，比如 ArcGIS、ERDAS IMAGINE 和 ENVI 等。

在图像处理过程中，将经过几何校正的图像保存为 GeoTIFF，可以方便地在 GIS 软件中打开，并与已有的矢量图进行叠加显示。

4. HDF 数据格式

HDF（Hierarchical Data Format，层次数据格式）是美国伊利诺伊大学的国家超级计算应用中心（National Central for Supercomputing Application，NCSA）于 1987 年研制开发的一种新型数据格式，主要用来存储由不同计算机平台产生的各种类型的科学数据，适用于多种计算机平台，易于扩展。它的主要目的是帮助 NCSA 的科学家在不同计算机平台上实现数据共享和互操作。HDF 数据结构综合管理二维、三维、矢量属性、文本等多种信息，能够帮助人们摆脱不同数据格式之间烦琐的相互转换，从而能将更多的时间和精力用于数据分析。HDF 能够存储不同种类的科学数据，包括图像、多维数组、指针及文本数据。HDF 格式还提供命令方式，分析现存 HDF 文件的结构，并即时显示图像内容。科学家可以用这种标准数据格式快速熟悉文件结构，并能立即着手对数据文件进行管理和分析。

1993 年，美国国家航空航天局（NASA）把 HDF 格式作为存储和发布 EOS（Earth Observation System）数据的标准格式。在 HDF 标准基础上，开发了另一种 HDF 格式即 HDF-EOS，专门用于处理 EOS 产品，使用标准 HDF 数据类型定义了点、条带、栅格 3 种特殊数据类型，并引入了元数据。

HDF 文件通常将相关的数据作为数据对象分为一组。这些数据对象组称为数据集。例如，一套 8 位的图像数据集一般有 3 个数据对象，一组对象用来描述这个数据集的成员，即有哪些数据对象；一组对象是图像数据；最后一组对象则用来描述图像的尺度大小。这三个数据对象都有各自的数据描述符和数据元素。一个数据对象可以同时属于多个数据集，例如，包含在一个栅格图像中的调色板对象，如果它的标识号和参照值也同时包含在另一个数据集的描述符中，则可以被另一个栅格图像调用。

一个 HDF 文件应包括一个文件头（file header）、一个或多个描述块（data descriptor block）、若干个数据对象（data object）。HDF 文件格式的优势在于：独立于操作平台的可移植性、超文本、自我描述性、可扩展性。

由于 HDF 的诸多优点，这种格式也被广泛作为多种卫星传感器的标准数据格式，括 LandSat-7 ETM+、Aster、MODIS、MISR 等。在影像数据库多源数据管理中，HDF 格式发挥了很好的作用，例如：利用 HDF 数据结构建立远程图像工程，并与数据库进行交互；远程影像解译和统计分析；影像运算、信息挖掘和影像分类；综合处理影像矢量和高程数据、三维显示等。

3.3 遥感数字图像的级别与图像特征

3.3.1 遥感数字图像的级别

在遥感图像的生产过程中，从原始图像到可应用的影像为止，由于加工的程度不同，形成了不同级别的数据产品。一般来说，遥感图像数据级别划分为如下 4 级：

0 级产品：未经过任何校正的原始图像数据。

1 级产品：经过了初步辐射校正的图像数据。

2 级产品：经过系统级的几何校正的图像数据，即根据卫星的轨道和姿态等参数以及地面系统中的有关参数对原始数据进行几何校正。产品的几何精度由上述参数和处理模型决定。

3 级产品：经过了几何精校正的图像数据，即利用地面控制点对图像进行了校正，使之具有了更高精度的地理坐标信息。产品的几何精度要求在亚像素量级上。

0~2 级产品由卫星地面站、影像公司进行处理后发给客户。而 3 级产品一般由客户根据自己的需求，自己完成。对于几何精校正后的 3 级产品，用户可以根据遥感图像软件进行处理。

3.3.2 遥感图像的空间分辨率

图像的空间分辨率指图像上一个像素所代表地面的实际大小范围。例如 Landsat 的 TM 影像的多光谱波段，一个像素（pixel）代表地面 28.5 m×28.5 m，即空间分辨率为 28.5 m（约为 30 m）；它的全色波段的分辨率是 15 m。目前空间分辨率最高的遥感卫星是 GeoEye 卫星，其全色谱段为分辨率 0.41 m；多光谱有 4 个谱段，分辨率为 1.64 m。一般来说，多光谱谱段的分辨率弱于全色波段的分辨率，一般为 4 倍的关系。

3.3.3　遥感图像的波谱分辨率

波谱分辨率是指传感器在接收目标辐射的波谱时能分辨的最小波长间隔。间隔越小，分辨率越高。目前波谱分辨率能达到几纳米。

不同波谱分辨率的传感器对同一地物探测效果有很大区别。图 3-4 所示是水铝矿在不同光谱分辨率下的曲线图。当光谱分辨率在 512 nm 时，水铝矿的波谱曲线是一条下降的直线，看不出峰谷特征。而当光谱分辨率为 32 nm 时，曲线在 1.2 μm 波长附近出现明显双谷形态。当光谱分辨率进一步提高到 4 nm 时，曲线特征更加细致。这种细致的曲线特征得益于光谱分辨率的不断提高。事实上，成像光谱仪在可见光至红外波段范围内，被分割成几百个窄波段，具有很高的光谱分辨率，这种谱线可以近似看成连续的光谱曲线。总之，通过提高光谱分辨率，就可以分辨出不同物体光谱特征的微小差异，有利于更精确地识别更多的目标。

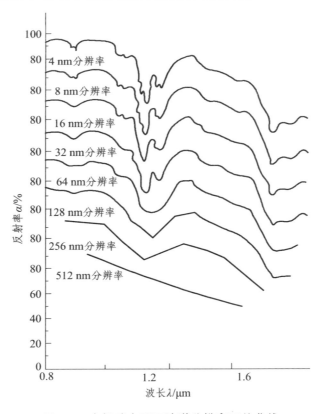

图 3-4　水铝矿在不同波谱分辨率下的曲线

3.3.4　时间分辨率

时间分辨率指对同一地点进行遥感采样的时间间隔，即采样的时间频率，也称重访周期。遥感的时间分辨率范围较大。以卫星遥感来说，静止气象卫星（地球同步气象卫星）的时间分辨率为 1 次/0.5 h；太阳同步气象卫星的时间分辨率 2 次/d；LandSat 为 1 次/16 d。这些与卫星的运行轨道有关系。

时间分辨率对动态监测尤为重要，天气预报、灾害监测等需要短周期的时间分辨率，故常以"小时"为单位。植物、作物的长势监测、估产等需要用"旬"或"日"为单位。而城市扩张、河道变迁、土地利用变化等多以"年"为单位。总之，可根据不同的遥感目的，采用不同的时间分辨率。

3.3.5　数字图像的分辨率

在图纸上，单位长度内所表达或获取的像素数量称为图像的分辨率。图像分辨率指的是图像上的点被映射或指定到给定的空间里的数量（通常是以每英寸多少像素为单位），是图像中的最小可分辨距离。在数字图像中，图像的长和宽（像素数）也往往被称为图像分辨率。

图像由很多像素组成，每一个像素就是图像的一个采样点。像素多少是衡量图像信息量的标准。单位距离内图像的采样点（即像素）越多，图像中包含的信息量就越大。图像的尺寸越大，像素就越多。

点的含义很多，例如打印机的点、屏幕上的像素点、扫描仪上 CCD 点等，这些点分别被定义为点（dot）、像素（pixel）、样本点（sample）和复合点（spot）。

点（dot），用于量度打印机的分辨率，一般用 dpi（dot per inch，每英寸点数）表示。这里的点是由打印机或照排机创建的真实的点。

样本点（sample），扫描图像或位图图像的分辨率，用 spi（sample per inch，每英寸样本点数）表示。样本点是给定位置、色调或颜色的点。

像素（pixel），屏幕显示用的分辨率，用 ppi（pixel per inch，每英寸像素数）表示。在显示器上，每个像素是用坐标（x, y）来唯一确定的。

复合点（spot），由创建半色调图像的四色网点组成的点，用 lpi（每英寸线数）表示。

分辨率（res），扫描仪上的分辨率，即扫描图像时的分辨率，是表示每毫米采样的样本点数。如"res12"表示每毫米 12 个样本点。

与计算机上的图像不同，印刷品上的图像是由网点组成的不连续的图像，图像的颜色是靠网点的大小或疏密变化来实现的。组成图像的网点与形成图像的像素点的作用相同，网点越密集形成的印刷图像就越细腻。由于印刷品网点是以一定的密集度和角度排列在直线上的，因此印刷品的分辨率用每英寸的网线数 lpi 或每厘米的网线数 lpc 来表示。

由于彩色和灰度图像有颜色和层次的变化，因此分辨率关系到图像的层次和细腻程度。对于二值图像，虽然没有颜色和层次的变化，但图像的分辨率关系到图像印刷后边缘的光滑程度，所以图像的分辨率和印刷后得到的图像质量密切相关。

另外，根据采样定律，图像的 4 个像素点组成一个印刷网点，所以彩色图像和灰度图像的分辨率与印刷加网线数之间的关系是：

$$图像的分辨率=印刷加网线数×2$$

这个公式主要是考虑图像分辨率占用计算机资源的大小以及印刷图像质量优劣的折中方案。如果进一步加大图像的分辨率，印刷的图像质量肯定会有所提高，但幅度不大，视觉效果并不明显，而占用的存储空间则会明显增加。但是，如果图像分辨率低于公式的计算值，就会明显降低印刷图像的质量。

总之，图像的大小与图像占据的实际空间大小、图像的分辨率有关。当空间分辨率增大 1 倍时，图像的数据量一般要增大 3 倍。在进行图像处理时，需要选择合适的图像分辨率。当处理的区域较大时，要选用较低分辨率的卫星影像。而当处理城市这样较小的区域时，才采用较高分辨率的图像。

第 4 章　遥感数字图像的统计特征

遥感图像从传感器获取后，以数字形式存储在计算机硬盘或者磁盘内部。那么遥感数字图像存储在计算机中，也可以看成是一群数字的集合，因此从统计学角度来看，舍去图像对应的位置信息，则遥感数字图像具有统计性特征。这就是说，统计特征也是遥感数字图像的一个基本特征。通过对遥感影像的单波段、多波段数据进行直方图制作、统计特征的分析和纹理分析，可以快速提取图像中的一些特征信息。这样使用统计学的一些常用方法就可以对遥感数字影像进行整体的判读。

为了引入概率统计的方法，我们假设遥感图像的每一个像素的亮度值变化具有随机性的特点，并且图像中某一灰度级内像素出现的频率服从高斯分布，即密度函数是正态分布的。那么通过建立该图像的直方图，统计该灰度级内的像素频数，这些图像的统计特征就可以反映出遥感图像的总体特征。在图像处理中，我们常常假设图像的每一个像素的亮度值是一随机变量。

把图像作为一个随机向量 X，按照概率论与统计学的方法，首先可以作出该图像的直方图，其次可以统计该图像的一些统计量，例如像素的总体平均值（期望）、方差、协方差等。下面看看用这些统计量如何刻画和反映遥感图像的质量信息。

4.1　数字图像的直方图

4.1.1　定义

直方图是图像亮度值的函数，描述的是图像中各个亮度值像素的个数。对于数字图像来说，直方图实际就是灰度值概率密度函数的离散化图形。

图像像素的亮度值范围，一般都在（0,255）之间。以横轴表示不同的亮度值，以纵轴表示取该亮度值的像素个数，这样作出的统计图即为图像直方图。

例如，图 4-1 中，左侧是一幅遥感数字图像的一小部分，大小为 5×5 的数字图像，灰度最大值为 20，最小值为 1。右侧是该图像对应的直方图。在直方图中，横坐标表示亮度值，而纵坐标表示该亮度出现的频率次数。如在数字图像中，亮度"5"出现了 2 次，那么在直方图中，5 对应的纵坐标即为 2。

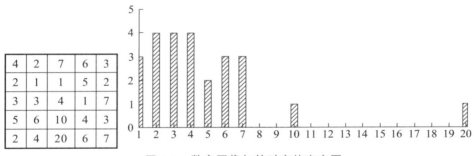

图 4-1　数字图像与其对应的直方图

一般来说，一幅遥感数字图像含有的数字信息非常巨大。以一景完整的 TM 影像为例，它有 7 个波段，每个波段有 6 166 行和 6 166 列，对应地面约 185 km×185 km，即每个波段就含有 6 166×6 166=38.02 M 个数字信息，7 个波段就需要 7×38 M 个字节的空间，再加上文件的其他辅助信息，一幅完整的 TM 影像需要大约 252 M 的磁盘空间。

4.1.2　累积直方图

以横轴表示灰度级，以纵轴表示每灰度级及其以下灰度级所具有的像素数或此像素数占总像素数的比值，作出的直方图即为累积直方图。累积直方图可以看成是图像的累积概率分布。计算公式为：

$$P(i) = \sum_{j=0}^{i} \frac{n_j}{N} \quad (i = 0, 1, \cdots, L-1)$$

式中：$P(i)$ 为亮度的概率分布；i 为灰度级；n_j 为亮度值为 j 的像素个数；N 为该幅图像上的像素总数。图 4-1 的数字图像对应的累积直方图如图 4-2 所示：

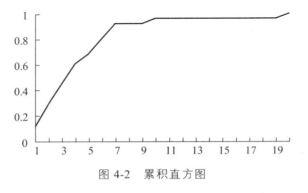

图 4-2　累积直方图

从图 4-2 可以看出，累计直方图的最大值为 1。这与概率累积分布函数的特点是一致的。

4.1.3 直方图的性质

根据上面的数字影像，绘制相应的直方图，此时可以看出，对应的直方图具有以下性质：

（1）直方图反映了图像灰度的分布规律。它描述每个灰度级具有的像素个数，但失去了这些像素在图像中的位置信息。在遥感数字图像处理中，可通过修改图像的直方图来间接改变图像的总体反差。

（2）任何一幅特定的图像都有唯一的直方图与之对应，但不同的图像可以有相同的直方图。

（3）如果一幅图像仅包括两个不相连的区域，并且每个区域的直方图已知，则整幅图像的直方图是这两个区域的直方图之和。符合图像的叠加原理。

（4）从统计学角度看，图像的灰度值是离散变量，直方图表示离散的概率分布。若将直方图中各个灰度级的像素数连成一条线，纵坐标的比例值即为某灰度级出现的概率密度，该线可近似看成连续函数的概率密度分布曲线。

（5）由于遥感图像数据的随机性，在图像像素数足够多且地物类型差异不是非常大的情况下，遥感图像数据与自然界的其他现象一样，服从或接近于正态分布，即

$$f(x) = \frac{1}{\sqrt{2\pi}\sigma} \exp\left[-\frac{(x-\mu)^2}{2\sigma^2} \right]$$

式中：σ 是标准差；μ 为均值。也就是说，质量好的遥感影像对应的直方图的形态应当与正态分布的曲线形态类似。

如果遥感图像数据不完全服从正态分布，即遥感图像直方图分布曲线与正态分布曲线存在差异，那么可以判读出该遥感图像存在一定的问题，例如曝光不足、曝光过分集中等现象。

4.1.4 直方图的应用

根据直方图的形态可以大致推断图像的质量。一般来说，一幅包含大量像元的图像，如果图像的直方图形态接近正态分布，则这样的图像反差适中[图 4-3(a)]；如果峰值位置偏向灰度值小的一边，则图像偏暗[图 4-3(b)]；如果直方图峰值位置偏向灰度值大的一边，则图像偏亮[图 4-3(c)]；峰值变化过陡、过窄，则说明图像的灰度值过于集中，反差小[图 4-3(d)]。

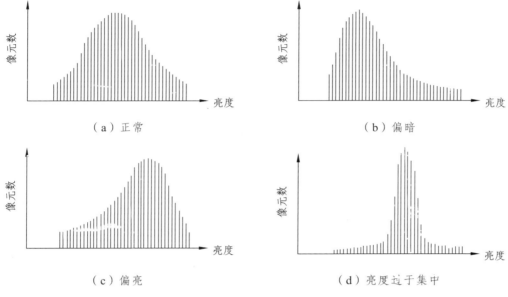

（a）正常 　　　　　　　　　　　（b）偏暗

（c）偏亮 　　　　　　　　（d）亮度过于集中

图 4-3 　从直方图的形态判断数字图像的质量

4.2 　直方图的线性拉伸

上面讲到直方图的形状可以反映出图像的一些质量特征。当一幅图像的对比度不够，或者图像偏暗、偏亮时，我们可以通过有目的地改变直方图形态来改善图像的对比度，从而提高图像质量。

在对图像进行对比度改善时，需要改变图像像元的原有亮度值，在这个运算过程中需要一个变换函数来进行有规律的改变。如果变换函数是线性的，或者分段线性的，那么就称为图像的线性拉伸；如果使用的函数是指数形式或者其他非线性函数，那么就称为图像的非线性拉伸。而线性变换是数字图像增强处理中最简单、最常用的方法。

以图 4-1 为例，其亮度值为 1~20，根据其直方图，可以感觉该图像偏暗，现在对该图像进行线性拉伸（拉伸 2 倍），此时新的图像的亮度值是原图像亮度的两倍。所用的线性拉伸函数即为

$$X_{\text{new}} = 2X_{\text{old}}$$

产生的新图像与相应的直方图如图 4-4 所示。比较数字图像，每一个像元上的亮度值都增加了一倍，此时的图形比原来的图像要亮一倍。同时比较直方图，此时直方图的亮度范围增加了一倍，在 x 轴上由过去的 0~20 的亮度值范围变为现在的亮度值 0~40 的亮度值范围；像素之间的对比度也得到增加，以第一像素与第二像素为例，由过去的亮度值 4，2 分别变为新亮度的亮度值 8，4。这样像素之间的亮度差值

由 2 变为 4，因此对比度增强。总之，通过上述办法，改变后的图像有两点变化：一是图像整体亮度增加了一倍，二是像素之间的差异（对比度）有明显的改变。这种差异对于目视解译有很大好处。

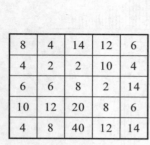
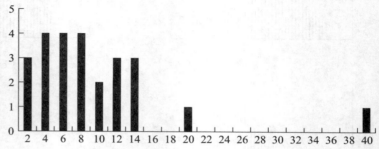

图 4-4 数字图像的线性拉伸，亮度增加 2 倍

线性拉伸函数一般使用 $X_{new} = aX_{old} + b$，其中 a、b 取值由用户自行设定和调整，直到图像显示效果达到最佳为止。

有时为了更好地调节图像的对比度，需要在一些亮度段增大拉伸幅度，而在另外一些亮度段减小拉伸幅度。这种变换称为分段线性拉伸。很显然这样的线性拉伸使用分段线性函数，性质与线性拉伸相同。

当亮度变换函数使用非线性函数时，此时即为图像的非线性拉伸。非线性变换的函数很多，常用的有指数变换和对数变换。

指数拉伸的变换函数如图 4-5 所示。利用指数函数的性质，其函数的变化率在逐渐增大。这样对图像进行指数拉伸后，图像中亮度值较高的部分在亮度增加同时，扩大了像素之间的亮度间隔，突出了差异，而对于亮度值较低的部分，在亮度增加的同时，像素之间的亮度间隔变化不大，对比度保留了原有的差异。其数学表达式为

$$X_{new} = ae^{X_{old}} + b$$

上式中，a、b 为可调参数，通过改变它们可以改变指数函数曲线的形态，从而实现不同的拉伸比例。

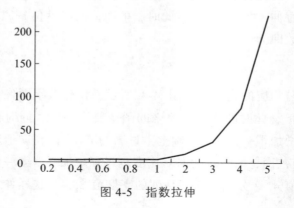

图 4-5 指数拉伸

对数变换的变换函数如图 4-6 所示。与指数变换相反，其函数的变化率在逐渐减小，并且趋于 0。因此它的意义与指数变换相反，在图像比较亮的地方，没有增加像素之间的对比度，而在图形暗的地方增加了像素之间的对比度。其数学表达式为：

$$X_{\text{new}} = a\ln(X_{\text{old}} + 1) + b$$

注意在上式中，使用 $X_{\text{old}} + 1$ 来代替 X_{old}，是为了防止在对数运算中，真数出现等于 0 的情形。其他参数含义同上，可以进行改变。

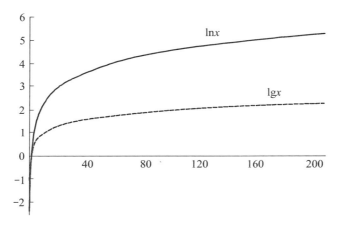

图 4-6　对数变换

在图像处理中，还有一种变换，称为图像的反色变换。它是将原图灰度值进行翻转。即将原图像中黑的变成白的，将白的变成黑的。犹如在过去化学成像中的底片一样。在过去胶片时代，人的头发在底板中呈现白色，而只有通过洗相后，才会在黑白照片中呈现黑色。图像的反色变换可以看成是线性拉伸的特殊情况。反色变换函数可用如下函数表达式进行：

$$X_{\text{new}} = 255 - X_{\text{old}}$$

4.3　直方图的均衡化

如果拉伸后图像的直方图不理想，可以通过直方图均衡化做适当修改。直方图均衡化的基本思想是对原始图像的像素灰度做某种映射变换，使变换后图像灰度的概率密度呈均匀分布，即变换后图像的灰度级呈均匀分布。

图像通过均衡化后，使原有图像灰度的动态范围得到增大，从而提高图像的对比度。例如，一幅对比度较小的图像，其像素分布一般会集中在某一较小的灰度范围之内，表现在直方图上，就是直方图所占据的灰度值范围比较窄，而且集中在低灰度值一边。经过均衡化处理的图像，像素将分布在比较大的灰度范围内。直方图均衡化增加了图像灰度的动态范围，因此也增加了图像的对比度，反映在图像上就是图像的细节比原图像更加清晰。

需要注意的是，直方图均衡化在增加图像反差的同时，也增加了图像的颗粒感，会使人感觉到图像中有许多细小的颗粒。

下面以一个具体的例子，来说明对图像进行直方图均衡化的具体步骤。图 4-7(a) 为原始图像，对它进行直方图均衡化。具体计算结果见表 4-1。

表 4-1　直方图均衡化实例

原灰度级 X_a	像素数 $h_a(X_a)$	累计像素统计值 $\sum_{j=0}^{k} h_a\left(X_a^j\right)$	变换后值 $\dfrac{L-1}{N}\sum_{j=0}^{k} h_a\left(X_a^j\right)$	新灰度级 X_b	新像素数 $H_b(X_b)$
0	0	0	0	0	0
1	2	2	0.6	1	
2	2	4	1.3	1	4
3	1	5	1.6	2	1
4	3	8	2.6	3	3
5	2	12	3.9	4	2
6	3	15	4.9	5	3
7	4	19	6.2	6	4
8	6	25	8.2	8	6
9	5	30	9.8	10	5
10	5	33	10.8	11	5
11	4	37	12.1	12	4
12	3	40	13.1	13	3
13	3	43	14.0	14	3
14	2	45	14.7	15	
15	2	47	15.3	15	4
16	2	49	16	16	2

具体步骤如下：

（1）统计原图像每一级灰度级的像素数和累积像素数。写入表中第 2 列与第 3

列。这里 $N=49$，表示共有 49 个像素。$L=17$，表示原有的灰度级为 17 级。

（2）利用第 3 列数据，使用公式 $\dfrac{L-1}{N}\sum\limits_{j=0}^{k}h_a\left(X_a^j\right)$ 计算每一级灰度级 X_a 均衡化后的对应的新值，写入表中第 4 列。

（3）对第 4 列的数值进行四舍五入取整，得到新灰度级 X_b，写入表中第 5 列。

（4）以新值替代原灰度值，对原像素按新的灰度级进行归类，形成均衡化后的新像素，并统计新像素数，写入表中第 6 列。

（5）根据新图像像素统计值，作出新直方图。

直方图均衡化后的每个灰度级的像素频率理论上应该相等，呈均匀分布，因此其直方图顶部形态在理想状态下，应该为一条直线。但实际上均衡化后的直方图并非如此，这是因为各灰度级的像素个数有限，而旧灰度级在变为新的灰度级时，在新的灰度级处可能没有像素，而在其他一些新灰度级处像素则增加，所以实际的直方图往往不会产生理想的直线形态。

图像经过直方图均衡化后，其特点如下：

（1）各灰度级中像素出现的频率近似相等。

（2）原图像上像素出现频率小的灰度级被合并，实现压缩；像素出现频率高的灰度级被拉伸，突出了细节。

11	12	6	8	9	16	11
1	2	5	7	2	4	10
13	4	9	10	1	12	8
7	8	3	11	14	9	7
10	8	5	6	8	4	10
12	9	7	14	9	8	6
13	10	15	16	11	13	15

（a）原始图像

10	9	11	12	10	11	10
9	10	11	12	11	12	11
9	11	10	12	13	14	13
12	12	10	13	14	15	13
11	13	14	16	16	14	15
14	12	12	15	16	15	14
13	12	13	16	13	14	15

（b）参考图像

图 4-7　原始图像和参考图像

4.4　直方图的规定化

直方图规定化是为了使图像的直方图变成规定形状的直方图而对图像进行转换的增强方法。

规定形状的直方图可以是参考图像的直方图，通过转换使两幅图像的亮度变化规律尽可能地接近。规定形状的直方图也可以是特定函数形式的直方图，从而使转换后图像的亮度变化尽可能地服从这种函数分布。

直方图规定化的原理是对两个直方图都作均衡化，变成归一化的均匀直方图。以此均匀直方图做中介，再对参考图像作均衡化的逆运算即可。

下面以一个具体的例子，来说明直方图规定化的具体步骤。依然以图 4-7（a）为例具体计算结果见表 4-2。

直方图规定化的具体步骤如下：

（1）统计原图像的像素数，做出原图像的直方图。

表 4-2　直方图规定化例

原灰度级 X_a	像素数 $h_a(X_a)$	累计百分比 $T(X_a)$	对应的参考累计百分比 $G(Y_c)$	新灰度级 Y_c	新像素数 $H_d(X_d)$
0	0	0	0	0	0
1/16	2	0.04	0.06	9	
2/16	2	0.08	0.06	9	5
3/16	1	0.10	0.06	9	
4/16	3	0.16	0.18	10	5
5/16	2	0.24	0.18	10	
6/16	3	0.31	0.33	11	7
7/16	4	0.39	0.33	11	
8/16	6	0.51	0.51	12	6
9/16	5	0.61	0.67	13	10
10/16	5	0.67	0.67	13	
11/16	4	0.76	0.82	14	7
12/16	3	0.82	0.82	14	
13/16	3	0.88	0.92	15	5
14/16	2	0.92	0.92	15	
15/16	2	0.96	1.00	16	4
1	2	1	1.00	16	

（2）统计原图像的累积百分比，写入表 4-2 中的第 3 列。

（3）根据参考图像[图 4-7（b）]，统计参考图像的像素数和累积百分比，构成新表 4-3，并作出参考图像的直方图。

（4）对于原图像中的每一级的灰度级 X_a 的累积百分比 $T(X_a)$，在参考累积直方图中找到对应的累积百分比 $G(Y_c)$，即它们的数值要近似相等，写入表 4-2 的第 4 列。

（5）由 $G(Y_c)$ 值，找到 Y_c 值，来替代原灰度值 X_a，写入表中 4-2 的第 5 列。

（6）根据原图像像素统计值对应求得新图像像素统计值并写入表中 4-2 中的第 6 列，并作出新直方图。

注意，表 4-2 中的灰度级和累积像素数均采用归一化数据，在表 4-3 中查找对应的参考累积值 $G(Y_c)$ 时，采用四舍五入的近似方法。根据四舍五入的原则，选用最邻近的对应值，再找到对应的新灰度值 Y_c。新像素的统计值由其所对应的原像素统计值合并而得到。

表 4-3　参考图像直方图统计表

灰度级 Y_c	9/16	10/16	11/16	12/16	13/16	14/16	15/16	16/16
像素数 $h_a(X_a)$	3	6	7	9	8	7	5	4
累计像素数 $G(Y_c)$	0.06	0.18	0.33	0.51	0.67	0.82	0.92	1.00

由图 4-6 可以看出，与直方图均衡化一样，由于图像是离散函数，同时存在运算误差，因而规定化变换后的直方图只是尽可能地接近参考直方图的形状，而不可能完全相同。尽管只能得到近似的直方图，但仍然能获得了明显的增强效果。

直方图规定化又称为直方图匹配，这种方法经常作为图像镶嵌或应用遥感图像进行动态变化研究的预处理工作。通过直方图匹配可以部分消除由于太阳高度角或大气影响造成的相邻图像的色调差异，从而可以降低目视解译的错误。

4.5　单波段图像的统计特征

设一幅数字图像是由 M 行 N 列组成的。其每个像素的位置可用（i, j）来表示，用 $L(i, j)$ 表示该像素处的亮度值。此时 i 的取值范围从 0 到 $M-1$，j 的取值范围从 0 到 $N-1$。下面来看看各统计量在图像中的特征含义。

1. 像素的算术平均值

均值：像素值的算术平均值，反映的是图像中地物的平均反射强度，大小由图像中主体地物的光谱信息决定。计算公式为：

$$L_{\text{mean}} = \frac{\sum L(i, j)}{M \cdot N}$$

中值：图像所有灰度级中处于中间的数值。如果图像符合正态分布，其中值与均值没有太大区别，但是如果图像不符合正态分布，其中值与均值差距较大。

众数：图像中出现次数最多的灰度值，反映了图像中分布较广的地物反射的亮度值。

2. 反映像素值变化信息的统计参数

方差：像素值与平均值差值的平方和，表示像素值的离散程度。方差是衡量图像信息量大小的重要度量。方差小，表示图像上地物比较单一；方差大，表示图像上地物种类多。

变差：一幅影像上，像素最大值与像素最小值的差。它反映了图像灰度值的变化幅度，间接地反映了图像上地物的差异程度。

反差：反映图像的显示效果和可分辨性，有时又称为对比度。一般用一幅影像中最大值与最小值的比值、变差或者方差来衡量。反差小，地物之间的可分辨性小，意味着是同样的地物，或者两种不同的地物不容易区别，需要提高图像的反差。

4.6　多波段图像的统计特征

大多数遥感图像往往是多波段数据。此时不仅要考虑单个波段图像的统计特征，也要考虑波段与波段之间存在的关联关系，多波段图像之间的统计特征不仅是图像分析的重要参数，而且也是图像合成方案的主要依据。例如，对相关系数小的多波段图像进行合成，其合成后图像的对比度明显。

如果各个波段或多幅图像的空间位置可以相互比较，那么可以计算它们之间的统计特征。协方差和相关系数是两个基本的统计量，其值越高表明两个波段图像之间的协变性越强。在使用的遥感图像中，高光谱数据各个波段之间的相关性尤其显著。

利用图像之间或波段之间的相关性，可以实现图像的压缩处理（例如，主成分变换方法），图像信息的复原（例如，基于暗像素的大气校正方法）等。

在多波段图像的统计特征中，以下参数经常用到。

1. 协方差

设 $f(i, j)$ 和 $g(i, j)$ 是大小为 $M \times N$ 的两个波段的图像，则它们之间的协方差 S_{gf} 为

$$S_{gf} = S_{fg} = \frac{1}{MN} \sum_{j=0}^{M-1} \sum_{i=0}^{N-1} \left[f(i,j) - \bar{f} \right] \left[g(i,j) - \bar{g} \right]$$

式中：$\bar{f}$ 和 $\bar{g}$ 分别为图像 $f(i, j)$ 和 $g(i, j)$ 的均值。

将 K 个波段相互间的协方差排列在一起所组成的矩阵称为波段的协方差矩阵 Σ，即

$$\Sigma = \begin{bmatrix} S_{11} & S_{12} & \cdots & S_{1K} \\ S_{21} & S_{22} & \cdots & S_{2K} \\ \vdots & \vdots & & \vdots \\ S_{K1} & S_{K2} & \cdots & S_{KK} \end{bmatrix}$$

2. 相关系数

相关系数是描述波段图像间的相关程度的统计量，反映了两个波段图像所包含信息的重叠程度，即

$$r_{fg} = \frac{S_{fg}}{\sigma_{gg}\sigma_{ff}}$$

式中：σ_{gg} 和 σ_{ff} 分别为图像 $f(i, j)$ 和 $g(i, j)$ 的标准差。

将 N 个波段相互间的相关系数排列在一起组成的矩阵称为相关矩阵 r，即

$$r = \begin{bmatrix} 1 & r_{12} & \cdots & r_{1K} \\ r_{21} & 1 & \cdots & r_{2K} \\ \vdots & \vdots & & \vdots \\ r_{K1} & r_{K2} & \cdots & 1 \end{bmatrix}$$

一般来说，上述相关矩阵是主对角线为 1 的对称矩阵。即第 K 行数据与第 K 列数据相同，并且矩阵中每个元素的取值越接近 1，其相关性越强。

通过利用上述参数，可以对多波段影像数据的特征进行统计量分析。

第 5 章　图像的色彩体系与彩色合成

　　人眼对灰色（黑色与白色的合成）的分辨能力有限，大致只有十几个灰度级。但是对色彩的分辨能力却能达到上百种，这仅仅是对颜色色调的区分。如果再加上颜色的其他两个要素——饱和度和明度，那么人眼能够辨别色彩差异的能力远远强于辨别黑白的差异。

　　另外，遥感所获取的影像包括了多个波段。除了可见光波段人眼可以分辨与成像外；其他的近红外波段、微波波段，人眼都无法识别，当计算机在显示遥感影像的任何一个波段的数据时，我们看到的都是一个黑白影像，这不便于对影像的目视判读。为了充分利用在遥感图像判读中人眼的色彩分辨能力，我们常常利用彩色合成的方法对多波段的图像进行合成，把那些人眼无法识别的不同波段强制赋予红色、蓝色、绿色，并加以合成，得到一幅彩色图像。尽管得到的彩色图像并不代表实际地物的色彩，但这种合成的影像大大提高了人们的目视判读能力。

　　本章讲述常见的色彩体系和遥感图像的彩色合成。

5.1　颜色体系

　　电磁波谱中 380~760 nm 波段能够引起人的视觉，这个波段即我们通常所说的红橙黄绿青蓝紫（图 5-1）。这一部分能够被眼睛感觉到并产生视觉现象，称为可见光。其他的电磁波，如紫外线和红外线、微波不能产生视觉现象，但还是能被眼睛感觉得到。例如紫外线能使眼睛产生疼痛感，红外线使眼睛产生灼热感。

　　这些色彩可以用不同的色彩模型或者颜色空间来进行识别和合成。目前常用的有 RGB、CMYK、YIQ 和 HSL（或 HSI）模型。其中 RGB 是常说的红绿蓝模型，电视或者 CRT 就是利用 RGB 模型进行图像显示的，但它不适合人的视觉特点，而 HSL 模型却符合人眼识别颜色的习惯。下面将分述这些模型。

5.1.1　RBG 模型（RGB color model）

RGB 颜色模型，又称三原色模型。在这个体系中，红（Red）、绿（Green）、蓝

（Blue）是基本颜色，这三种颜色中的任意一种不能由其余的两种颜色混合相加产生，如图 5-1 所示。除了这三种颜色之外，其他的任何颜色都可以看成是这三种颜色以不同的比例相加而得。RGB 模型属于加色模型。RGB 颜色模型的主要应用在电子设备图像的显示中，比如电视和电脑，在传统摄影中也有应用。

实验证明，红、绿、蓝三种颜色是最优的三原色，可以最方便地产生其他颜色。混合后的颜色只是一种视觉效果上的颜色，不再具有颜色的真实光谱含义。

若两种颜色混合产生白色或灰色，这两种颜色就称为互补色，如黄和蓝、红和青、绿和品红均为互补色。假如做一个圆盘，左半圆为黄色，右半圆为蓝色，让圆盘快速旋盘，此时两种颜色混合在眼里，人会感觉到的颜色是白色或者浅灰色。

在 RGB 模型中，还可以构建一个笛卡儿立体直角坐标系来构建一个颜色空间。此时在这个空间中的每一个点代表一种颜色，颜色空间如图 5-2 的颜色立方体显示。在图中，立方体的 x、y、z 轴分别表示红、绿、蓝三色，这样红、绿、蓝位于这个立方体的 3 个顶角上，而蓝绿色、紫红色和黄色则在另外 3 个顶角上，黑色在原点，白色在离原点最远的角上。在这个模型中，灰度级沿着黑白两点的连线从黑延伸到白，其他各种颜色由位于立方体内或立方体上的点来表示，并由原点延伸的向量决定。一般来说，在计算机内部，R、G、B 的值都被限定在[0, 255]之间。由此能构建的颜色共有 256^3（大约为 1680 万）种颜色。这对人眼的识别能力是足够多了。

图 5-1　颜色的表示方法

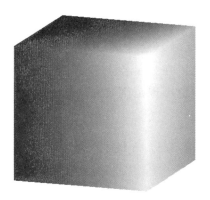

图 5-2　颜色立方体

彩色电视机、监视器屏幕都是使用这种颜色空间来设计的。彩色电视机的荧光屏上，涂有三种不同的荧光粉，当电子束打在上面的时候，一种能发出红光，一种能发出绿光，一种能发出蓝光。制造荧光屏时，用特殊的方法把三种荧光粉一点一点地互相交替地排列在荧光屏上。你无论从荧光屏什么位置取出相邻三个点来看都一定包括红、绿、蓝各一点。每个小点只有针尖那么大。由于小又挨得紧，在发光的时候，用肉眼就无法分辨出每个色点发出的光了，只能看到三种光混合起来的颜色。

大多数用来获取数字图像的彩色摄像机也都使用 RGB 格式。这样当图像本身用三原色来描述时，所得到图像的色彩就是人们通常见到地物的实际颜色。需要注意的是，RGB 模型是一种依赖于设备的颜色空间，不同设备对特定 RGB 值的检测和重现都有些差异，这是因为颜色物质（荧光剂或者染料）和它们对红、绿和蓝的单独响应水平随着制造商的不同而不同，甚至是同样的设备在不同的时间也有所不同。

5.1.2　CMYK 模型

CMYK 颜色空间是彩色胶片的染料和印刷油墨所形成的颜色空间，在彩色绘图打印中，经常使用 CMYK 模型。在 CMYK 中，C 表示青色（Cyan），M 表示品红色（Magenta），Y 表示黄色（Yellow），K 表示黑墨（Key plate）。

CMY 可以看成是 RGB 颜色的补色。即青色的补色是红色，它们合成即为白色。印刷的颜色，实际上看到的都是纸张反射的光线，颜料是吸收光线，不是光线的叠加，因此颜料的三原色就是能够吸收 RGB 的颜色。青、品红、黄对应的补色刚好是红、绿、蓝。

对于同为色料的油墨和染料来说，不同的一组原色（CMYK）可以得到不同的颜色复制范围。同样的一组原色，对于染料和油墨来说，得到的颜色也会不同。因此，CMYK 颜色空间也是与设备相关的颜色空间。CMYK 颜色空间的颜色覆盖范围比 RGB 颜色空间要小些，但也有一些颜色超出 RGB 颜色空间。这意味着有一些颜色可以在显示器上显示出来，但不能拍摄或印刷出来。胶片的颜色再现范围比印刷的颜色再现范围要大一些。

5.1.3　YIQ 模型

YIQ 模型用于彩色电视广播。它是为了有效传输彩色图像并与黑白电视兼容而设计的一种模型。在 YIQ 模型中，Y 分量表示图像的亮度信息，I、Q 两个分量则携带颜色信息。I 分量代表从橙色到青色的颜色变化，Q 分量表示从紫色到黄绿色的颜色变换。

黑白电视并不能显示彩色图像，如何将 RGB 图像比较好地显示在黑白电视上呢？此时需要一个从 RGB 到 YIQ 的一个变换。其定义为如下线性变换：

$$\begin{bmatrix} Y \\ I \\ Q \end{bmatrix} = \begin{bmatrix} 0.299 & 0.587 & 0.114 \\ 0.596 & -0.275 & -0.321 \\ 0.212 & -0.523 & -0.311 \end{bmatrix} \begin{bmatrix} R \\ G \\ B \end{bmatrix}$$

这样 YIQ 信号就显示在黑白电视上。而 YIQ 系统中的 Y 分量提供了黑白电视机要求的所有影像信息。从 RGB 到 YIQ 的转换，实际上是将彩色图像中的亮度信息与色度信息分开的一个过程。YIQ 模型就是利用人眼对亮度变化比对色调和饱和度变化更敏感而设计的。

5.1.4 孟塞尔颜色体系（Munsell color system）与 HSL 颜色模型

由于人眼对颜色的感知，并不是通过红绿蓝的加色合成而感知的，而是对颜色直接就能感知为赤橙黄绿青蓝紫。这种对颜色的分辨，称为对色调的分辨。同时，人眼对亮度的敏感程度远强于对颜色浓淡的敏感程度，例如一幅颜色丰富的风景或者画布，在白天你会看到颜色的绚丽，但是到傍晚时刻，此时风景或者画布在你的眼睛里已经渐渐成为一幅灰白影像。这表明人眼对亮度的敏感程度远强于对颜色浓淡的敏感程度。

为了解决上述问题，将色彩处理与人眼的视觉特征统一起来，色彩学家孟塞尔提出了孟塞尔颜色体系，它比 RGB 色彩空间更符合人的视觉特性。

孟塞尔是美国教育家、色彩学家、美术家。孟塞尔颜色体系是由色相、明度和纯度三个概念组成。其基本概念如下：

色相（Hue），又称为色调，是指颜色的基本色。在孟塞尔颜色体系中，颜色的基本色是由能够形成视觉上的等间隔的红（R）、黄（Y）、绿（G）、蓝（B）、紫（P）5 种颜色，再在它们中间插入黄红（YR）、黄绿（GY）、蓝绿（BG）、蓝紫（PB）、红紫（RP）5 种颜色共 10 种颜色组成的。把基本 10 色相中的每个色相再细划分为 10 等份，形成 100 个色相，将其分布于圆周的 360°中。

明度（Value）以无彩色的阶段为基准。把反射率为零的理想黑色设定为 0，反射率为 100%的理想白色设定为 10，在中间进行等距离划分，这样共有 11 个明度色阶。此时各色相最高纯度色彩的明度根据色相的不同而不同。

纯度（Chroma），又称饱和度，是指颜色的鲜艳程度。把无彩色的纯度设定为 0，随着颜色的鲜艳度的增强，渐渐地增大纯度的数值，到每个色相的外围，纯度达到最大值，为 1。这样纯度从圆心到圆周呈放射状向外延伸，并从 0 增大到 1。

这样就可以构建出如图 5-3 所示的颜色空间：

在孟塞尔颜色体系之上，又可以构建 HSV 模型和 HSL 模型，这些模型尽管有些差异，但本质基本相同。这里介绍一个 HSL 模型。HSL 模型对应一个圆锥体。圆锥体的不同维度表示色相、饱和度和明度。HSL 模型是一个由上下两个圆锥体合成的模型，如图 5-4 所示。

在这个 HSL 模型中，HSL 代表色调、明度和饱和度（hue, lightness, saturation）

的色彩模式。这种模式用上下两个六面锥体叠加而成。其中，圆周代表色调（H），以红色为0°，逆时针旋转，每隔60°改变一种颜色，360°刚好表示6种颜色，顺序为红、黄、绿、青、蓝、品红。垂直轴代表亮度（I），取黑色为0，白色为1，中间的平面为0.5。从垂直轴向外沿水平面的发散半径代表饱和度（S），与垂直轴相交处为0，最大饱和度为1。

图 5-3　孟塞尔颜色立体示意图

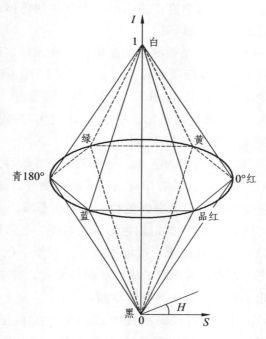

图 5.4　HSL色彩圆锥模型

　　根据这一定义，对于黑白色或灰色，此时饱和度$S=0$，色调H无定义，当色调处于最大饱和度时，$S=1$，这时$I=0.5$。在这个六棱锥的组合体中的内部，每一个点都表示一种颜色。

阿尔伯特·亨利·孟塞尔（Albert Henry Munsell，1858 年 1 月 6 日—1918 年 6 月 28 日），美国画家、教师，创立了孟塞尔颜色系统。

　　他生于马萨诸塞州的波士顿，就职于马萨诸塞州师范艺术学院，死于布鲁克林。作为一个画家，他擅长肖像画与海景画。

　　孟塞尔在早期尝试创建一种能准确和定量化描述颜色的体系，后来提出著名的孟塞尔色彩体系。他写了三本关于颜色的书：《色彩符号》（1905 年）、《孟塞尔颜色系统地图集》（1915 年）和《色彩的语法》。

　　孟塞尔颜色体系后来得到国际的认可并且成为其他颜色体系的基础。1917 年，他与 Arthur Allen、Ray Greenleaf 合作，创办了孟塞尔颜色公司。

5.2　色彩变换

　　在遥感数字图像中，计算机对每一幅影像的色彩存储一般使用 RGB 模型。对一个像素，它分别存储该像素对应的 RGB 分量。例如对某一像素（255, 255, 0），它用三个字节分别存储 255, 255, 0；显示的时候显示器也使用 RGB 模型，根据加色原理，该像素显示的为标准的黄色。

　　但是当图像显示在显示器上时，在人眼观察这个黄色像素时，人的大脑却不使用 RGB 模型，而是从色调、亮度、饱和度去认识和感知这个像素，这就是人们不自觉地在使用孟塞尔颜色体系。加色原理与孟塞尔体系所用的参数是不同的，因此为了方便人们对图像中颜色的修改，需要进行 RGB 模型与 HSL 模型之间的相互转换。

　　把 RGB 色彩模型系统变换为 HSL 系统称为 HSL 正变换；将 HSL 系统变换为 RGB 系统称为 HSL 逆变换。当彩色合成图像的各个波段之间的相关性很高时，会使合成图像的饱和度偏低；如果色调变化不大，那么图像的视觉效果就比较差。此时人们会按视觉效果改变和调整图像的饱和度、亮度，然后再显示出来。这样图像需要经历三个过程：① 从 RGB 到 HSL 的正变换；② 人们对 HSL 中的 H、S、L 的改变；③ HSL 逆变换，还原为 RGB，进行存储并显示在屏幕中。由于 RGB 与 HSL 的颜色空间并不是完全对等的，因此从 RGB 到 HSL 的变换有多种变换方法，本书介绍下面两种最常见的方法。

1. 球体变换

RGB 到 HSL 的转换算法如下：

设 RGB 的颜色为（L_R, L_G, L_B），设 L_{max} 为 L_R，L_G，L_B 的最大值，L_{min} 为 L_R，L_G，L_B 的最小值，L_R，L_G，L_B 取值区间为[0, 1]；

（1）亮度 L 的计算公式：$L=(L_{max}+L_{min})/2$

特殊情形，当 $L_{max}=L_{min}$，此时有 $L_{max}=L_R=L_G=L_B=L_{min}$，表明颜色为灰色，此时 $S=0$，H 不表示任何颜色。

（2）饱和度 S 的计算，分两种情况：

若 $L≤0.5$，则 $S=(L_{max}-L_{min})/(L_{max}+L_{min})$

当 $L>0.5$，则 $S=(L_{max}-L_{min})/(2-L_{max}-L_{min})$

（3）色调 H 的计算公式如下，分三种情形：

当 $L_{max}=L_R$ 时，$H=60×(L_G-L_B)/(L_{max}+L_{min})$，颜色处于黄色和品红之间；

当 $L_{max}=L_G$ 时，$H=120+60×(L_B-L_R)/(L_{max}+L_{min})$，颜色处于青色与黄色之间；

当 $L_{max}=L_B$ 时，$H=240+60×(L_R-L_G)/(L_{max}+L_{min})$，颜色处于品红和青色之间；

如果上述计算 H 出现负值，则增加 360，因为 H 为周期函数。

【例 5-1】把 RGB（0, 128, 128）转换为 HSL 颜色系统。

【解】（1）先把 RGB（0, 128, 128）转化为[0, 1]区间的取值，即：

$$RGB(0/256, 128/256, 128/256) = RGB（0, 0.5, 0.5）；$$

（2）根据公式，计算亮度 L：$L=(L_{max}+L_{min})/2=(0.5+0)/2=0.25$；

因为 $L≤0.5$，所以 $S=\dfrac{(L_{max}-L_{min})}{(L_{max}+L_{min})}=\dfrac{(0.5-0)}{(0.5+0)}=1$，表示纯色；

因为 $L_{max}=L_G$，所以

$$H = 120 + 60×(L_B - L_R)/(L_{max} + L_{min})$$
$$= 120 + 60×(0.5-0)/(0.5+0) = 180$$

查看颜色圆锥体，此时颜色为青色。故 RGB(0, 128, 128)=HSL(180, 1, 0.25)。

2. 圆柱体变换

RGB 到 HSL 的转换算法如下：设 RGB 的颜色为（L_R, L_G, L_B），

（1）亮度 L 的计算公式：$L = (L_R + L_G + L_B)/\sqrt{3}$；

（2）饱和度 S 的计算：$S = \dfrac{\sqrt{6}}{3}\sqrt{L_R^2+L_G^2+L_B^2-L_RL_G-L_RL_B-L_GL_B}$

（3）色调 H 的计算公式如下：$H = \arctan\left(\dfrac{2L_R-L_G-L_B}{\sqrt{3}(L_G-L_B)}\right)+C\begin{cases}C=0, & 当L_G≥L_B \\ C=\pi, & 当L_G<L_B\end{cases}$

通过以上算法可以把 RGB 模式转换为 HSL 模式，从而实现对色彩特性的定量表示。当然，对上述公式求逆运算，就是 HSL 逆变换，即将整个 HSL 图像变换回原始的 RGB 空间中。

5.3 数字图像的彩色合成

遥感数字图像可以分为真彩色图像和假彩色图像。真彩色图像的颜色就是显示的颜色与人眼观察到图像的颜色一致。假彩色图像是图像显示的颜色与人眼观察到图像的颜色不一致。例如在标准假彩色合成中，植被显示的是红色，而我们实际观察到的植被的颜色是绿色。

彩色合成又包括伪彩色合成、真彩色合成、假彩色合成和模拟真彩色合成 4 种方法。这 4 种合成方法在不同的应用环境中采用。

5.3.1 伪彩色合成

伪彩色合成是指把没有颜色的地物，用指定颜色表示出来，达到较好的目视效果。这种方法经常用于将单波段灰度图像转变为彩色图像。

例如不同区域的温度图，温度本身并没有颜色，但人们习惯用大红色表示温度高的区域，而浅红色表示温度低的区域。这样图像依赖模拟出的颜色，给人一种逼真感。因此彩色合成也被称为彩色增强。

刚才讲到，伪彩色合成是把单波段灰度图像中的不同灰度转换为彩色，然后进行彩色图像的显示。那么如何将不同灰度转化为彩色呢？一般使用密度分割法来实现。

密度分割法是对单波段遥感图像按灰度分级，对每级赋予不同的色彩（或者同一色彩，不同饱和度），使之变为一幅彩色图像。例如：中国政区图，对每一个省赋予不同的颜色，等温线图、等高线图赋予相同的色彩、不同的饱和度。

下面以等温线图为例说明如何使用密度分割法。第一步，先把单波段图像的灰度范围划分成不同级别，例如 8 级，这样灰度范围为 0~31 为 1 级；灰度范围为 32~63 为 2 级，……，224~255 为 8 级，然后赋予每一级别不同的红色，这样就生成一幅彩色图像。这样在很红色区域表示该区域温度很高，给人一种提醒、警示的作用。

总之，在伪彩色合成中，赋予的彩色是人为设定的，与地物的真实颜色没有关系，因此称为伪彩色。

经过密度分割后，图像的可分辨力得到明显提高。在遥感影像中，如果颜色的分级与地物光谱特性的差异对应起来，可以较准确地区分出地物类别。因此，对遥感影像的赋色问题，需要掌握好不同地物的光谱特性。

5.3.2 真彩色合成

如果在遥感影像中，彩色合成中选择的可见光波段就是该波段的本身颜色，那么这种合成后图像的颜色与真彩色一致，这种合成方式称为真彩色合成。使用真彩色合成的优点是合成后图像的颜色与人眼的视觉一致，人们更容易对地物进行识别，在多波段图像分析判读中经常使用真彩色合成。

例如，将 TM 影像的 3、2、1 波段分别赋予红、绿、蓝三色，由于赋予的颜色与原波段的颜色相同，所以可以得到真彩色图像。注意这种图像的颜色合成，严格地说，应当是接近于真彩色合成，因为 TM 的 1 波段并不表示真正的蓝色。TM 的 1 波段在 0.45~0.52 μm 之间，而纯正的蓝色在 0.43~0.47 μm，因此 TM 的 1 波段并不表示真正的蓝色，而是青色。

5.3.3 假彩色合成

如果在遥感影像中，彩色合成中选择的红绿蓝色并不对应地物的可见光波段的红绿蓝，那么这种合成后图像的颜色就与地物的真实颜色不同，这种合成方式称为假彩色合成。假彩色合成在遥感影像中是最常用的一种方法。因为对于 TM 影像，它有 7 个波段，有些波段还是人眼无法识别的。当这些波段进行彩色合成时，会有 210 种组合。在这 210 种组合中，只有一种是真彩色合成，其他的 209 种都是假彩色合成。

在假彩色合成中，需要注意的是：对于 TM 影像中 7 个波段的颜色，只有前三个波段（0.45~0.52 μm，0.52~0.60 μm，0.63~0.69 μm）是人眼能够区分颜色的，而剩下四个波段都是红外波段，人眼并不能识别。人眼不能识别，并不意味着仪器无法识别。而有些地物恰恰在这些波段有明显的反射率或者辐射量，因此假彩色合成的目的是突出某些地物的信息。在假彩色合成中，最常用的就是标准假彩色合成法。

所谓标准假彩色合成，就是把 TM 图像中的波段为 4、3、2 的波段强制赋予红色、绿色、蓝色的合成方案，这种合成方式称为标准假彩色合成。我们知道，在 TM 影像中，波段 2 为绿波段（0.52~0.60 μm），波段 3 为红波段（0.63~0.69 μm），波段 4 为近红外波段（0.76~0.90 μm），见表 5-1。其中波段 2 和 3 是人眼可见的，但第 4 波段人眼不可见。而植被在第 4 波段恰恰有最高的反射率，因此在进行假彩色图像合成时，红色分量（对应于植被在近红外波段的反射）在整个像素的 3 个分量中占的比重最大，所以该像素表现为红色。这样在标准假彩色影像中，红色区域表示植被茂盛的区域。即在标准假彩色影像中，引进近红外波段，并强制赋予红色，有效地突出植被要素信息，增强了对植被的判读。

表 5-1　TM 影像的波段

波　　段	波长 /μm	分辨率 /m
1	0.45~0.52 青色	30
2	0.52~0.60 绿色	30
3	0.63~0.69 红色	30
4	0.76~0.90 近红外	30
5	1.55~1.75 短波红外	30
6	10.4~12.5 热红外	60
7	2.08~2.35 短波红外	30
Pan	0.50~0.90 全色	15

因此在实际工作中，为了突出某一方面的信息或显示丰富的地物信息，获得最好的目视效果，需要根据不同的研究目的进行反复实验分析，寻找最佳色彩合成方案。

5.3.4　模拟真彩色合成

刚才讲到，TM 的 1 波段并不表示真正的蓝色，而是青色。这是因为蓝光容易受大气中气溶胶的影响，因此 TM 传感器舍弃了蓝波段，选取了靠近蓝色的青色作为 1 波段，这样合成的颜色与真彩色区别不大。而 SPOT 传感器直接就将蓝波段舍弃（表 5-2），这样就无法得到真彩色图像。因此，对于 SPOT 影像，只能通过模拟的办法，来模拟出红绿蓝 3 个通道，然后再通过红绿蓝彩色合成，近似地产生真彩色图像。不同的公司给出了不同的合成方案。

表 5-2　SPOT 影像的波段

波段	波长 /μm	IFOV/m
XS1	0.5~0.59 绿色	20
XS2	0.61~0.68 红色	20
XS3	0.78~0.89 近红外	20
XS4	1.58~1.75 短波近红外	20
PA	0.61~0.69	10

1. SPOT IMAGE 公司提供的方法

对于 SPOT IMAGE 公司，他们用 XS2 表示红色，用（XS1+ XS2+ XS3）/3 表示绿色，用 XS1 波段表示蓝色。该方法本质上是将绿波段（0.50~0.59μm）当作蓝波段，因为该波段最靠近蓝波段；而红波段（0.61~0.68μm）保持不变；绿波段用绿波段、红波段、红外波段三者的算术平均值来代替。因此模拟真彩色合成本质上还是一种假彩色合成。读者可以研究一下这种合成方案与真彩色合成的相似程度有多大。

2. ERDAS IMAGING 软件中的方法

在 ERDAS 软件中，XS2 表示红色，绿色用（XS1×3+XS3）/4 表示，蓝色用 XS1 波段表示。该方法的本质是将原来的绿波段（0.50~0.59μm）当作蓝色，红波段（0.61~0.68μm）不变，而绿色用绿波段和红外波段按 3：1 的加权算术平均值来代替。这个算法得到的图像效果，更接近真彩色图像。

3. 不确定参数法

此法引入了全色波段（PA），红色用[aPA+(1-a)XS3]来表示，其中 a 为比例系数，可根据遥感影像调整该值，一般介于 0.1~0.5。绿色用 2×PA×XS2/(XS1+XS2)表示，蓝色用 2×PA×XS1/(XS1+XS2)表示。为了防止出现数值溢出现象，需要对系数 a 进行调整。

这种方法的特点是引入了全色波段，由于全色波段的空间分辨率比多光谱要高，因此在使用此算法前，需要做 Mosic 变化，即统一空间分辨率，进行影像的匹配。该方法存在的问题是，如果波段 XS1 和 XS2 的像素值都很小，图像将会产生非常不合理的结果。

总之，模拟真彩色合成是利用函数功能，将不同通道的数据在进行假彩色合成之前，做一些函数运算，使之近似于真彩色的图像。它的本质还是假彩色合成。通过实验对比，第一种方法和第二种方法算法相近，生成图像的色彩效果却有较大的差异。相对而言，第二种方法较好，能更接近于 LANDSAT 图像真彩色增强的结果。第三种方法是一种典型的数学方法，自由度比较大，a 的取值可以由用户自己设定和调试，此时需要用户对当地的遥感影像有全面的认识，此时 a 的调整将非常有意义。

第6章　遥感数字图像的校正

我们获得的遥感影像 0 级产品，是没有任何加工和处理的原始影像。它的每个像素是遥感平台上的传感器观测地面目标的反射或辐射能量的大小值，反映在图像上就是该像素的亮度值大小。一般来讲，地面反射值和辐射值越大，亮度值也就越大。

在理想状态下，该亮度值仅受两个物理量影响：一是太阳辐射到地面的辐射亮度，这个数值因太阳位置与高度角的不同而不同；二是地物的光谱反射率。但是由于大气的存在，传感器的测量值中不再是纯净的地物特征信息，而是包含了大量的大气的反射、散射亮度值。这是因为：由于大气的存在，太阳辐射到地面的辐射亮度会发生改变；另外，地物反射的亮度值在传递到传感器的时候，也还要受到大气的二次反射与散射的影响。这些都会影响图像的质量。图 6-1 是受大气干扰较大的遥感影像，此时影像蒙有一层薄薄的雾气。与图 6-2 相比，图像明显偏亮，图像整体的对比度下降。

图 6-1　大气（含薄雾）干扰后的遥感影像　　　图 6-2　去除大气干扰的遥感影像

为了还原目标的反射或辐射的真实值，提高图像质量，必须清除这些失真与噪声。在遥感影像中，消除图像中依附在辐射亮度中的各种失真的过程称为辐射量校正（radiometric calibration），简称辐射校正。在卫星影像提供给用户之前，遥感地面卫星站都会对遥感图像进行初步的辐射校正。但某些引起图像失真的辐射量仍会存在，用户可以根据实际影像，再做一些辐射校正。

同时，遥感图像在获得过程中，会产生定位误差。尤其航空飞机在空中的飞行姿态、飞行高度的变化都会引起影像的几何畸变。另外，地形的起伏，也会引起图像的畸变。在这些误差中，尽管方式不同，但都引起了图像中地物空间位置的变形，我们统称为几何畸变。由几何畸变引起的误差，我们称为几何误差，这要求我们在分析影像之前，需要对影像进行几何纠正和精纠正处理。

6.1 辐射传输与辐射校正

传感器接收到的信号主要来自地表的地物反射与辐射的信息，但由于在这个辐射过程中有中间大气层的存在和干扰，尽管这些干扰信号比较微弱，但是还是影响到影像的质量。

辐射校正的目的是尽可能消除因大气条件的差异（晴空与薄雾）产生的影响、太阳高度角产生的辐射强度的影响以及在辐射传输中的噪声引起的传感器的测量值与真实值的差异，尽可能恢复图像的本来面目，能更好地对遥感图像进行准确的分类和解译。

从太阳光到传感器接收到信号，电磁波经历了太阳—大气—目标—大气—传感器这 5 个过程。其中干扰最大的是大气，这也是最复杂的干扰。辐射校正包括 3 部分的内容：传感器端的辐射校正、大气校正和地表辐射校正。

6.1.1 大气影响的定性分析

进入大气的太阳辐射会发生反射、折射、吸收、散射和透射。其中对传感器接收影响较大的是吸收和散射（图 6-3）。在没有大气存在时，传感器接收的辐照度，只与太阳辐射到地面的辐照度和地物反射率有关。由于大气的存在，辐射经过大气吸收和散射，此时透过率小于 1，因此会减弱原信号的初始强度。另外，大气的散射光也有一部分直接或经过地物反射进入传感器，这两部分辐射又增大了信号。但是大气散射直接进入传感器的信号，尽管起到增大的效果，却是噪声，对影像反而有害。

大气的厚薄、大气中云雾的多少对太阳辐射影响也很大。而大气的散射又与波长有密切的关系，如瑞利散射与米氏散射、无选择性散射。我们知道，电磁波在大气中传输时，受到大气中分子和微小粒子的作用。这些分子和微小粒子对光波多次作用的结果就是散射，它随电磁波波长和散射体大小的不同而不同。

散射又可以分为选择性散射和非选择性散射两种。在选择性散射中，按大气中的颗粒大小的不同，散射分为瑞利散射（Rayleigh）和米氏散射（Mie）。瑞利散射由远小于光波长的气体分子引起，大小与波长的四次方成反比；米氏散射由大小与波长相当的颗粒，如大气中的气溶胶粒子引起，大小与波长的平方成反比。非选择性散射由尘埃、云雾以及大小超过光波长 10 倍的颗粒引起，对各种波长予以同等散射。

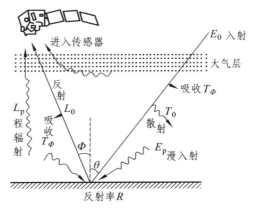

图 6-3　大气对太阳辐射的影响

同时，地物的信号传到传感器的时候，又要经过大气的二次反射、折射、吸收、散射和透射，这使问题变得更为复杂。要想精确地对传感器的信号进行分析，剔除不必要的信号，目前看来不行。很多学者提出了各种模型，目前看来效果也不是很好。但如果抓住信号中的主要成分，对整个传输过程进行定性分析，那么传感器所接收的信号可以分为三个主要部分：

$$L_\lambda = L_{1\lambda} + L_{2\lambda} + L_{3\lambda} \tag{6-1}$$

在上式中：L_λ 为传感器接收到的辐射；$L_{1\lambda}$ 为目标物对太阳光的反射辐射；$L_{2\lambda}$ 是目标物的对天空光（环境光）的反射辐射；$L_{3\lambda}$ 是大气的程辐射。这就是说，太阳光经过大气散射后，散射光分成两部分，一部分是向上散射，一部分是向下散射。向上散射的散射光通过大气进入传感器的这部分辐射，我们称为程辐射；而散射光向下散射的，我们称为环境光，$L_{2\lambda}$ 就是目标物对环境光的反射辐射。

6.1.2　大气校正的方法

太阳光在到达地面目标之前，大气会对其产生吸收和散射作用。同样，来自目标物的反射光和散射光在到达传感器之前也会被吸收和散射。传感器接收的电磁波能量，除了地物本身的辐射以外还有大气引起的散射光，消除这些影响的处理过程称为大气校正。目前，大气校正的方法主要有：

1. 利用辐射传输模型进行大气校正

若地面目标的辐射能量为 E_0，它通过高度为 H 的大气层后，传感器接收系统所能收集到的电磁波能量为 E，则此时这个过程可以看成是一个衰减过程，其辐射传输方程可写成：

$$E = E_0 e^{-T(0,H)}$$

式中 $e^{-T(0,H)}$ 称为大气的衰减系数。如果对上式能够给出近似解，则可以求出地面目标的真实辐射能量 E_0。在可见光和近红外区，大气的影响主要是由气溶胶引起的散射造成的。在热红外区，大气的影响主要是由水蒸气的吸收造成的。为了消除大气的影响，需要测定可见光和近红外区的气溶胶的密度以及热红外区的水蒸气浓度。但是仅从图像中很难正确测定这些数据，因此在利用辐射传输方程时，通常只能得到近似解。

2. 利用地面实况数据进行大气校正

在获取地面目标图像的同时，预先在地面设置反射率已知的标志，或事先测出若干地面目标的反射率，对地面实况数据和传感器的输出值进行比较，减去这个差值，消除大气的影响。由于遥感图像获取过程是动态的，在地面特定地区、不同条件和不同时间段内测定的地面目标反射率不同，因此该方法仅适用于包含地面实况同步数据的图像。

3. 绝对辐射校正——建立辐射校正场（radiant correction station）

绝对辐射校正法是 20 世纪 80 年代美国亚利桑那大学光学中心的 P.N.Slater 提出的。该方法是以大面积、平坦的、均匀地物为校正源，来实现在轨遥感卫星传感器的辐射校正。美国 NASA 和亚利桑那大学在美国新墨西哥州的白沙（WSMR）和加利福尼亚州的爱德华空军基地的干湖床（EAFB）建立了辐射校正场，通过星、地同步观测，实现传感器的辐射校正。从 1993 年起，我国开始建立自己的遥感卫星辐射校正场，分别在甘肃省和青海省建立了敦煌可见光近红外野外观测场和青海湖热红外野外观测场，这样大大提高了我国遥感图像的辐射校正精度。

4. 利用辅助数据进行大气校正

在获取地面目标图像的同时，利用搭载在同一平台上测量气溶胶和水蒸气浓度的传感器获取大气中气溶胶和水蒸气的浓度数据，利用这些数据可以进行大气校正。

在 LandSat-4/5 的 MSS 数据处理中，我们采用了一种简单的大气散射补偿方法：从全部图像像元亮度值中减去一个辐射偏置量，即（6-1）式中的 $L_{3\lambda}$ 的近似值。一般来说，这个辐射偏置量选取图像直方图中最小的亮度值。这种偏置量随不同的影像而有所差异，同一影像的不同波段也很可能具有不同的偏置量，因为影像辐射中的大气散射强度与波长的平方或者四次方成反比。

在 SPOT 影像的数据处理中，由于瑞利散射（分子散射）在 0.89 μm 比在可见光的 0.5 μm 处要低 10 倍，所以由瑞利散射引起的辐射改正只涉及 SPOT HRV 的多光谱数据中的第一、第二波段和全色波段，此时分子散射的影响可以得到满意的改正。而米氏散射（悬浮微粒散射）只随波长逐渐变化，因此所有光谱段都受到微粒散射的影响。要想正确改正米氏散射对辐射量的影响，需要知道米氏散射的三个特征：视觉上的微粒密度（与水平可见度有关）、微粒类型和米氏散射的相位函数，因此米氏散射纠正起来难度要大很多。

6.1.3 太阳高度角引起的辐射校正

太阳高度角引起的畸变校正是将太阳光线倾斜照射时获取的图像校正为太阳光线垂直照射时获取的图像。太阳的高度角 θ 可利用下面的球面三角公式计算：

$$\sin\theta = \sin\phi\sin\sigma \pm \cos\phi\cos\sigma\cos t$$

上式中：ϕ 为图像对应地区的地理纬度；σ 为太阳赤纬（成像时太阳直射点的地理纬度）；t 为时角（地区经度与成像时太阳直射点地区经度的经差）。

由于斜射时地面获得的辐照度小于太阳直射时的辐照度，因此太阳以高度角 θ 斜射时得到的图像 $g(x, y)$ 与直射时得到的图像 $f(x, y)$ 有如下关系：

$$g(x, y) = f(x, y)\sin\theta$$

这就是说，由太阳高度角引起的辐射校正，可以对已有的遥感图像除以 $\sin\theta$，这样即可得到在垂直照射下的遥感影像。当然这没有考虑天空光（环境光）的影响。

太阳方位角的变化也会改变光照条件，它也随成像时间、地理纬度的变化而变化。太阳方位角引起的图像辐射值误差通常只对图像细部特征产生影响，它可以采用与太阳高度角校正相类似的方法进行处理。

由于太阳高度角的影响，图像上还会产生地物的阴影而压盖到其他地物。一般情况下，图像上地物的阴影是难以消除的，但是多光谱图像上的阴影可以通过图像之间的比值法予以消除。

比值法是用同步获取的任意两个波段图像相除而得到的新图像。在多光谱图像上，地物阴影区的灰度值可以认为是无阴影时的影像灰度值再加上对各波段影响相同的阴影亮度值，所以，当两个波段相除时，阴影的影响在比值图像上基本被消除。阴影的消除对图像的定量分析和自动识别是非常重要的，因为它消除了非地物辐射引起的图像灰度值的误差，有利于提高定量分析和自动识别的精度。

6.1.4　其他因素引起的辐射误差

光学镜头与光电变换系统也会产生辐射畸变。

在使用透镜的光学系统中，由于镜头光学特性的非均匀性，在其成像平面上存在着边缘部分比中间部分要暗一些的现象，称为边缘减光，如图 6-4 所示。

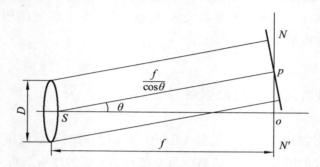

图 6-4　镜头引起的辐射畸变

在图 6-4 中，设与主光轴成 θ 角度的方向通过镜头到达像平面 p 点的光强度为 E_p，中心点的光强度则为 E_o，则 $E_p = E_o \cos^4 \theta$。

另外，传感器的光谱响应特性和传感器的输出有直接的关系。在扫描方式的传感器中，传感器接收系统收集到的电磁波信号需经过光电转换系统变成电信号记录下来，这个过程会引起辐射量的误差。这种光电变换系统的灵敏度特性一般情况下有很高的重复性，所以可以定期地在地面测量其特性，根据测量值对其进行辐射畸变校正。

最后，地形起伏也会产生辐射畸变。传感器接收的辐亮度和地面倾斜度有关。太阳光线垂直入射到水平地表和坡面上所产生的辐亮度是不同的。地形起伏的变化会造成在遥感图像上同类地物灰度不一致的现象。

6.2　遥感图像的几何纠正

当遥感图像在几何位置上发生了变化，产生诸如行列不均匀、像元大小与地面大小对应不一致的现象，地物形状发生畸变时，即说明遥感影像发生了几何畸变。遥感影像的总体变形（相对于地面真实形态）而言，是平移、缩放、旋转、偏离、扭曲、弯曲及其他变形的综合作用。产生畸变的图像给定量分析及位置配准造成了困难，因此遥感数据接收后，首先由接收部门进行校正，这种校正往往根据遥感平台、传感器的各种参数进行处理。而用户拿到这种产品后，由于使用目的和要求精度不同，仍需要作进一步的几何精校正。

下面先讲遥感图像几何畸变的影响因素，然后讲遥感影像的几何纠正。

6.2.1　遥感图像的几何畸变

引起遥感图像几何畸变的因素很多，归纳起来，遥感平台的飞行状态对影像变形影响很大，其次地形起伏对影像的几何畸变影响也很大，而其他的因素影响不大。现在逐一说明。

6.2.1.1　遥感平台位置和运动状态变化的影响

无论是卫星还是低空飞机，尤其是低空飞机，在运动过程中都会由于种种原因产生飞行姿势的变化，从而引起影像变形。

航高：平台运动过程中受到力学因素影响，会产生相对于原标准航高的偏离，或者说卫星运行的轨道本身就是椭圆。航高始终发生变化，而传感器的扫描视场角不变，从而导致图像扫描行对应的地面长度发生变化。航高越高，图像对应的地面越宽，如图 6-5（a），此时像片比例尺发生了变形。

航速：卫星在椭圆轨道上飞行速度不均匀，飞机由于气流的原因飞行速度不均匀，这些都会导致图像畸变。航速快时，扫描带超前；航速慢时，扫描带滞后。由此可导致图像在卫星前进方向上（图像上下方向）的位置错动，如图 6-5（b）。

俯仰：遥感平台的俯仰变化能引起图像上下方向的变化，即星下点俯时后移，仰时前移，发生行间位置错动，如图 6-5（c）。

翻滚：遥感平台姿态翻滚是指以前进方向为轴旋转一个角度。翻滚可导致星下点的扫描线方向偏移，使整个图像的行向翻滚角向偏离的方向错动，如图 6-5（d）。

偏航：遥感平台在前进过程中，相对于原前进航向偏转了一个小角度，从而引起扫描行方向的变化，导致图像的倾斜畸变，如图 6-5（e）。

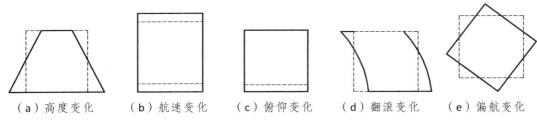

（a）高度变化　　　（b）航速变化　　　（c）俯仰变化　　　（d）翻滚变化　　　（e）偏航变化

图 6-5　遥感影像的几何畸变

6.2.1.2　地形起伏的影响

当地形存在起伏时，会产生局部像点的位移，使原来本应是地面点的信号被同一位置上某高点的信号代替。例如，如图 6-6，如果地形没有起伏，那么 P_1 点对应到像片中 P' 处，但是由于高差的原因，P 点对应到了 P' 处。这就是说，实际像点 P 距像幅中心的距离 OP' 相对于理想像点到像幅中心的距离 OP_0' 向外移动了 Δr。根据相似三角形原理，这个误差 Δr 容易导出。

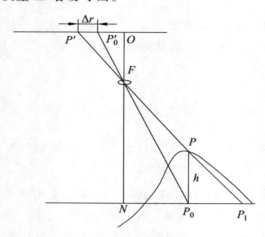

图 6-6　高差引起的像点位移

如图 6-6，因为 $\triangle PP_0P_1 \sim \triangle FOP'$

所以　　$OP' = \dfrac{f}{h} \times P_0P_1 = \dfrac{f}{h} \times (NP_1 - NP_0) = \dfrac{f}{h} \times \left(\dfrac{H}{f} \times OP' - \dfrac{H}{f} \times OP_0' \right)$

　　　　　$= \dfrac{H}{h} \times (OP' - OP_0') = \dfrac{H}{h} \times \Delta r = r$

移项，得 $\Delta r = \dfrac{rh}{H}$

在上式中：f 为焦距，$f=OF$；h 为高程差，$h=PP_0$；H 为摄影高度，即遥感平台离地面的高度，$H=FN$；r 为像点到像主点 O 的距离，$r=OP'$；Δr 为像点的位移量，$\Delta r = OP' - OP_0'$。

这个公式说明下面三个性质：

（1）位移量 Δr 与地形高差 h 成正比，高差越大，引起的像点位移量也越大。当地面高差为正时（地形凸起），位移量为正值，像点位移是向远离像主点方向动；高差为负值时（地形低洼），位移量为负值，像点向像主点方向移动。

（2）位移量 Δr 与像主点的距离 r 成正比，即距主点越远的像点位移量越大，像片中心部分位移量较小。在像主点处，$r=0$，无位移。即在像主点，无论高程多高，都不会发生位移。

（3）位移量与摄影高度（航高）成反比，即摄影高度越大，因地表起伏引起的位移量越小。这就是说，航天遥感像片比航空遥感像片的位移量要小很多，几何畸

100

变小。例如，地球卫星轨道高度 $H = 700\ km$，当像片大小为 18 cm×18 cm 时，处于像片边缘的像点的地面高程差为 1 000 m，其位移量只有 0.13 mm。

$$\Delta r = \frac{rh}{H} = \frac{9\ cm \times 1\ 000\ m}{700\ km} = 0.128\ mm$$

6.2.1.3　地球表面曲率的影响

地球是一个椭球体，因此地球表面是曲面。这一曲面的影响主要表现在两个方面：一是像点位置的移动，二是像元对应于地面宽度的不等。像点位移如图 6-7（a）所示，这个类似于地面的起伏。而像元对应于地面宽度的不等，见图 6-7（b）。距星下点越远，对应地面的长度越大，几何畸变也越大。

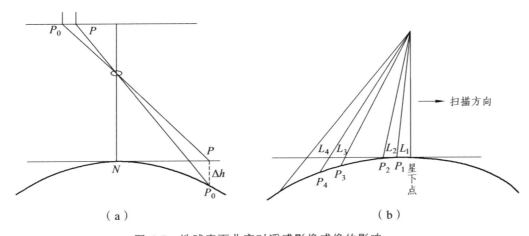

图 6-7　地球表面曲率对遥感影像成像的影响

6.2.1.4　地球自转的影响

卫星前进过程中，传感器对地面扫描获得图像时，地球自转也会产生影响，会产生影像偏离。因为多数卫星在轨道运行的下降阶段扫描成像，即卫星自北向南运动，这时地球自西向东自转。相对运动的结果，使卫星的星下位置逐渐产生偏离。

6.2.2　几何校正与几何精纠正

几何畸变有多种校正方法，可以根据卫星的参数进行图像的粗纠正。这里讲述的几何精纠正，也是最常用的一种精校正方法。它主要是使用地面控制点来进行几何畸变纠正。它的基本原理是回避成像的几何畸变过程，直接利用地面控制点数据对遥感图像的几何畸变本身进行数学纠正。无论遥感图像的畸变是挤压、扭曲、缩放还是偏移造成的，在控制点的控制作用下，控制点的几何位置都是正确的，控制点与控制点之间的图像是有变形的，但通过加密控制点，可以使它们之间的图像最大变形控制在要求范围之内。这样通过畸变的图像中的控制点与纠正后图像的控制点产生一一映射关系后，便可以产生一个适当的函数映射来映射其他点的像素信息。

通过上述原理，几何精纠正具体的实现过程如下：给定一函数模型（一般使用多项式模型，包括一次的，或者二次的），利用地面控制点数据的对应关系确定该函数模型的具体参数。这些参数一旦计算得到，也就确定了这个几何畸变的数学模型。这样也就建立了原始图像与标准图像的对应关系，然后利用这种对应关系，把畸变图像空间中的其他像素全部变换到标准图像中的像素，从而实现图像的几何精纠正。

6.2.2.1 几何精纠正的操作步骤

遥感图像几何精纠正的步骤如下所示，一般遥感软件也都开发了此功能：

（1）准备工作，包括图像数据、地形图、大地测量成果、航天器轨道参数和传感器姿态参数的收集与分析。如果图像为胶片，需通过扫描转为数字图像。

（2）输入原始数字图像。按规定的格式读取遥感数字图像。

（3）确定工作范围。根据工作要求，确定工作范围，然后对遥感图像进行剪裁，减少计算机运算量。

（4）选择地面控制点。根据图像特征和地区情况，结合野外调查和地形图选择地面控制点。控制点的测量可用全站仪、经纬仪和 GPS。本步骤的测量精度直接影响图像最后的纠正精度。

（5）选择地图投影。根据工作要求，选择地图投影，确定相关的投影参数。

（6）匹配地面控制点和像素位置。地面控制点和相应的像素为同名地物点，应该清晰无误地进行匹配。

（7）评估纠正精度。在使用遥感软件进行几何精纠正的过程中，可以预测每个控制点可能产生的误差及总的平均误差。如果点的误差很大，一般来说需要增加控制点来提高精度。

（8）重采样。待纠正的数字图像本身属于规则的离散采样，非采样点上的灰度值需要通过采样点（已知像素）内插来获取，即重采样。重采样时，附近若干像素（采样点）的灰度值对被采样点影响的大小（权重）可以用重采样函数表达。重采样完成，就得到了纠正后的图像。

（9）输出纠正后图像。

6.2.2.2 地面控制点的选取

地面控制点（GCP，Ground Control Point）是几何纠正中用来建立纠正方程的基础，是最关键的数据。如果控制点选择不合适，就会产生较大的误差。几何精纠正中产生的问题，几乎都是由地面控制点选择不恰当造成的。

1. 控制点数目和分布

控制点数目的最小值按未知系数多少来确定。对于常用的多项式方法而言，一阶多项式有 6 个参数，需要 6 个方程才能求解，而一个控制点就能提供两个方程，因此至少需要 3 个控制点。而二阶多项式有 12 个系数，需要 12 个方程（至少 6 个控制点）。三阶多项式至少需要 10 个控制点，但纠正效果不佳。因此在大多数几何精纠正中，一般使用一次、二次多项式进行纠正。

其次，实际工作经验表明，使用最少数目的控制点来校正图像效果也不好，误差较大，因此要加密控制点。一般来说，控制点个数的选取的数目最好大于最低数目的 5 倍，而且控制点在整个幅面能尽量地均匀分布。如果图像扭曲变形明显，那么更要强调这种分布的均匀性。在图像边缘处，在地面特征变化大的地区，如河流拐弯处等，没有控制点而靠计算推出对应点会产生较大的变形误差。因此，在条件允许的情况下，控制点要均匀地分布在工作地区。

2. 图像中控制点的确定

首先应在图像上确定控制点。受图像空间分辨率的影响，控制点在图像上可能比较模糊。因此，在选择前需要对图像进行一些处理，如图像的锐化、降噪和彩色合成等，以进一步突出控制点信息。彩色合成方法中，真彩色合成产生的图像与人眼的视觉效果比较相近，有助于利用已有的知识进行分析判断，应该优先使用。

在图像上，控制点应该在容易分辨、相对稳定、特征明显的位置，如道路交叉点、河流弯曲或分汊处、海岸线弯曲处、湖泊边缘、飞机场跑道等。在变化不明显的大面积区域（如沙漠），控制点可以少一些。在特征变化大且对精度要求高的区域，应该多布点。但是，要尽可能避免控制点之间构成直线关系，避免控制点仅分布在狭长的范围里。

3. 地面控制点坐标的确定

地面控制点的坐标可以通过地形图或现场实测获取。地形图年代与图像的年代应尽可能接近。受成像日期的影响，图像信息可能与实际地面信息差异较大。在这种情况下，如果没有可供参考的地形图，就需要根据现场情况对图像中初步确定的控制点进行调整。

大比例尺地形图可以提供精确的坐标信息，这是获取控制点地理坐标的主要数据来源。对于现势性要求比较高的数据，可以通过现场 GPS 测量获取控制点坐标。

目前，手持 GPS 的坐标精度在几米之内，可以用于 TM 图像的几何纠正。如果需要更高的纠正精度要求，可以通过差分 GPS 来获取坐标。使用 GPS 测量结果要注意投影问题。GPS 使用的是 WGS84 地心坐标系，可能与需要的坐标投影系统不同，在使用前要进行参数转换。

6.2.2.3　多项式纠正方程

常用的纠正方程有多项式和共线方程两种。共线方程方法严密，结果精确，缺点是计算复杂，且需要控制点具有高程值，一般在大比例尺制图、航空摄影中使用。

多项式纠正方程在实践中经常使用。该方法的原理直观、计算简单，特别是对地面相对平坦的图像，此时具有足够高的纠正精度。该方程对各种类型传感器的纠正具有普遍适用性，不仅可用于图像——地图的纠正，还常用于不同类型遥感图像之间的几何配准，以满足计算机分类、地物变化监测等处理的需要。

多项式纠正方法，最常用的是一次、二次多项式，三次以上的多项式在实际应用中用得比较少。对于简单的旋转、偏移和缩放变形，可以使用最基本的仿射变换公式进行纠正：

$$X = ax + by + c$$

$$Y = dx + ey + f$$

通过上述公式，原图像上的点 (x, y) 映射成新图像上的点 (X, Y)。各参数的取值，是通过控制点得到的。

更复杂一些的多项式纠正，用二次多项式纠正方程。二次多项式纠正方程如下：

$$X = ax^2 + by^2 + cxy + dx + ey + f$$

$$Y = gx^2 + hy^2 + ixy + jx + ky + l$$

上式中的参数与一次具有相同的含义，只是未知数增多。在使用多项式进行纠正时，应注意以下问题：

（1）多项式纠正的精度与地面控制点的精度、分布和数量及纠正的范围有关。地面控制点的精度越高、分布越均匀，数量越多，几何纠正的精度就越高。

（2）采用多项式纠正时，在地面控制点（GCP）处的拟合较好，但在其他点处的误差可能会较大。离 GCP 越远，误差越大。因此，图像的总体平均误差小并不能保证图像各点的误差都小。

（3）多项式次数的确定，取决于对图像中几何变形程度的认识，如果变形不复杂，那么一次多项式就可以满足要求了。理论上来说，次数越高，精度越大。但是在实际应用中，并非多项式的次数越高，纠正的精度越高。因此在实际应用中，提高纠正精度的方法，是加密控制点，并且让控制点尽量均匀分布，同时分区进行纠正。这些方法都非常有效。

为了克服控制点数据选择可能产生的问题，可用勒让德正交多项式代替一般多项式进行计算。此外 Delaunay 三角网通过对不规则的 GCP 进行三角网插值产生输出网格。如果多项式纠正结果的误差较大，且具有足够多的控制点，则可以考虑使用此方法。

6.2.2.4　重采样

重采样过程包括两步，像素位置变换和像素值的交换。纠正后的图像大小可以不同于原有的图像，没有数据的部分一般赋 0 值。

1. 像素位置变换

像素位置变换是按选定的纠正方程把原始图像中的各个像素变换到输出图像相应的位置上去，变换方法分直接成图法和间接成图法。

1）直接成图法

直接成图法是纠正过程从原始图像出发，利用纠正方程将图像中的行列转换为新图像的行列，同时把原来行列中的灰度值写入新的图像对应的行列中。这种成图法在实际应用中应用得不多，使用得更多的是间接成图法。

2）间接成图法

间接成图法：以具有地理坐标的空白图像阵列为基础，根据纠正公式计算规则网的地理坐标 (X, Y) 在原始图像中对应的位置 (x, y)；根据 (x, y) 与周围像素之间的关系内插产生新的像素值，然后把像素值写到 (X, Y) 中。

新像素并不对应整个旧像素，而是对应原图像中某几个像素的一些部分之和。此时需要对新像素进行内插处理。内插计算像素值的过程称为数字图像的重采样。因此间接成图法又称为灰度重采样方法。在遥感影像中，遇到的实际情况大多如此，因此在实践中经常采用这种方法。

2. 图像重采样方法

常用的重采样方法有最近邻法、双线性内插法和三次卷积内插方法，其中，以最近邻法最简单，计算速度快。三次卷积法采样中的误差约为双线性内插的 1/3，产生的图像比较平滑，但计算工作量大、耗费时间长。

1）最近邻重采样

如上所述，由于新像素并不对应整个旧像素，而是对应原图像中某几个像素的一些部分之和。一般来说，一个新像素包含原图像中的 4 个像素的部分之和。因此采用最近邻算法，首先找到新像素的位置（x, y），然后比较新像素的位置与原图像中 4 个像素位置的距离，选取原图像中那个最近的像素的灰度值作为新像素的灰度值。

最近邻重采样算法简单，最大优点是保持像素值不变。但是，纠正后的图像可能具有不连续性，会影响制图效果，当相邻像素的灰度值差异较大时，可能会产生较大的误差。

2）双线性内插重采样

双线性内插法是线性内插法在二维平面上的扩展。该方法在很多教科书上都有讲解，这里不再赘述。

该方法的好处在于简单，并且具有一定的精度，一般能得到满意的插值效果。其缺点是此方法具有低通滤波的性质，对图像起到平滑作用，会损失图像中的一些边缘或线性信息，导致图像模糊。

3）三次卷积内插重采样

理论上的最佳插值函数是辛克函数。辛克函数如下：$\mathrm{sinc}(x) = \dfrac{\sin x}{x}$，但

我们用 $w(x) = \begin{cases} 1 - 2x^2 + |x|^3, & 0 \leqslant |x| \leqslant 1 \\ 4 - 8|x| + 5x^2 - |x|^3, & 1 \leqslant |x| \leqslant 2 \\ 0, & 2 \leqslant |x| \end{cases}$ 来逼近该函数。

三次卷积插值就是利用上述多项式逼近该函数的。三次卷积内插一般需要 16 个原始像素进行计算。该方法产生的图像比较平滑，缺点是计算量很大。

第 7 章　图像的数据压缩与图像变换

7.1　主成分变换

在用统计分析方法研究多变量的问题时，变量个数太多就会增加问题的复杂性。人们自然希望变量个数较少而得到的信息较多。在很多情形下，自由变量之间有一定的相关关系。当两个变量之间有一定相关关系时，可以解释为这两个变量反映此问题的信息有一定的重叠。设法将原来变量重新组合成一组新的互相无关的几个变量，同时根据实际需要，从中可以取出几个重要的综合变量，在减少变量的同时，又尽可能多地反映出原来问题的结果的统计方法就叫作主成分分析，或称主分量分析。

从方法来看，主成分变换（Principal Component Transform）是改变了原有变量的物理、几何意义，同时新变量与旧变量之间是一种线性变换。这种方法应用在遥感中，主要用于图像的数据压缩和图像增强。在遥感软件中，主成分变换常被称为K-L 变换（Karhunen-Loeve Transform，卡路南-洛伊变换）。K-L 变换的突出优点是去除自变量之间的相关性，是均方误差（MSE，Mean Square Error）意义下的最佳变换，它在数据压缩技术中占有重要地位。

7.1.1　基本算法

以 TM 影像为例，它共有 7 个波段，设这 7 个波段组成一个向量 X 空间（X_1, X_2, …, X_7），而该图像的每一个像素的亮度值都是这个向量 X 的函数值，设为 $L=AX$。

现在通过 $K\text{-}L$ 变换，构建一个新的向量 Y 空间，而 Y 是 X 的线性变换，即 $Y=UX$。这里，U 也是一个系数矩阵。通过主成分分析的方法，可以计算得到 U 中的每一个数值。

通过以上两步的计算，现在以 Y 作为变量，那么对于原图像就有 $L=BY$。此时 L 成了以 Y 为变量的新的函数。

这样做的好处是什么？因为 Y 中的 7 个变量（Y_1, Y_2, …, Y_7）两两之间没有相关性，即它们之间都是线性无关的。而 X 中的 7 个变量（X_1, X_2, …, X_7）两两之间或多或少存在线性相关性。

此外，采取这样变换后，这 7 个变量 $Y_1, Y_2, \cdots, Y_7$ 对 L 的贡献量是不同的。第 1 主分量 Y_1 对 L 的影响最大，即集中了最大的信息量，一般来说占 80% 以上。而第 2 主分量、第 3 主分量的贡献的信息量快速递减，到了第 4 主分量及以后分量，其信息贡献量几乎为 0。这意味着，我可以把 Y 中的 7 个变量（$Y_1, Y_2, \cdots, Y_7$）直接压缩为 3 个变量空间，即（Y_1, Y_2, Y_3），然后用（Y_1, Y_2, Y_3）来表示 L。这样，在产生较小的信息损失的情况下，一下就把数据量减少了一半，同时，还减少了空间维度，由七维自由空间向量减为三维自由空间向量。

7.1.2　主成分变换后的基本性质

（1）总方差不变性。变换前后总方差保持不变，变换只是把原有的方差在新的主成分上重新进行分配。

（2）变量之间的正交性。变换后得到的主成分之间是线性无关的。

（3）从主成分向量 Y 中，删除后面的分量，只保留前三个分量，此时产生的误差符合平方误差最小的准则。

在遥感图像分类中，常常利用主成分分析法消除波段之间的相关性，并进行特征选择，实现对图像的压缩和信息融合。目前，通常对 LANDSAT 的 TM 的 6 个波段的多光谱图像（热红外波段除外）进行主成分分析，然后把得到的第 1、2、3 主成分图像进行假彩色合成，这样可以获得信息量非常丰富的彩色图像。

7.2　缨帽变换

1976 年，Kauth 和 Thomas 构造了一种新的线性变换方法，即 Kauth-Thomas 变换，简称 K-T 变换，也称为"缨帽变换"。这种变换也是一种坐标空间发生旋转的线性变换，但旋转后的坐标轴不是指向主成分的方向，而是指向与地物有密切关系的方向。这些方向与植物生长过程和土壤有关。这样，缨帽变换一方面可以实现信息压缩，同时又可以帮助解译分析农作物生长特征，具有很大的实际应用价值，这对于扩大陆地卫星 TM 影像在农业方面的应用具有重要意义。目前，这个变换广泛应用于 MSS 影像与 TM 影像中。

7.2.1　基本原理

K-T 变换是从研究 MSS 遥感数据产生的。以 MSS 的 2 波段（0.6~0.7 μm）和 3

波段（0.7~0.8 μm）为例，选择两种不同的土壤样本：一种深色土壤 A，光谱特性是暗的；另一种浅色土壤 B，光谱特性是亮的。在这两种不同的土壤上种植小麦，选择小麦不同生长期的图像。把图像中的像素放在二维光谱空间相应的位置上，形成了两条农作物小麦的生命发展线，如图 7-1 所示。

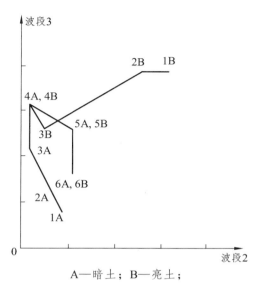

A—暗土；B—亮土；

1—裸土；2—发芽；3—生长期；4—成熟期；5—变黄期；6—衰老期

图 7-1　小麦在不同土壤上的生长线实例

我们从暗土壤 A 上的小麦生长线可以看出，由于叶绿素在植物生长过程中的增加，覆盖度加大，土壤较暗，表现为第 3 波段（近红外波段）亮度加大而第 2 波段（红色波段）亮度减小，即近红外反射增强而红光反射降低。到了 4（成熟期）的位置时，是绿色小麦生长的顶峰，小麦光谱占上风，土壤被小麦全部覆盖，因此，4A 和 4B 的图像亮度值相同，交合到一点，然后一起变黄（5A，5B）和衰老（6A，6B）。

将这个例子进行推广，对于一般农作物的生长过程有如图 7-2 所示的规律。首先，在第 2 波段和第 3 波段组成的子空间中[图 7-2（a）]，当植物还没发芽时，各种裸露的土壤，由深色土壤逐步过渡到浅色土壤，形成一条土壤线。由土壤线上各点作为起始点，都能勾绘出一条条农作物的生长线（图中只画出了从最深和最浅的两点开始的生长线）。1A 处为颜色最深的裸土，1B 为颜色最浅的裸图，这条线反映了裸土本身的光谱特性。2 处农作物破土而出，随着农作物生长，植被覆盖面也越来越大。由于植被在近红外波段有一个较高而且稳定的反射率，所以对于深色土壤，随着作物覆盖的增加，波段 3 的数值急剧增大，生长线明显上升。而与此同时，对于浅色土壤，其本身在近红外波段有较大的反射率，其反射率能达到 70%，那么现在增加了绿色植物，植物的反射率是 40% 多，因此其波段 3 的数值反而在减小，只是减少的幅度不大罢了，因此其生长线是缓慢降低的。到农作物成熟期到来时，即图中标号 4 处，植被达到了顶峰时期，绿色覆盖达到高峰。此时，无论是黑色土壤还是浅色土壤，传感器上接收的信号基本上全是绿色植被的信息，而几乎没有土壤的信息，此时两条生长线合为一点，不再有区别。同理，其他土壤类型的生长线也必定在汇合后一起继续发展，当农作物成熟变黄时，生长线向下折返，离开绿色生物量点，经过标号 5 处后光谱特性继续变化，直到农作物衰老死亡到达标号 6 处。待农作物全部收获完毕，地面状态恢复，从标号 6 处各自回到土壤线上的起点位置。

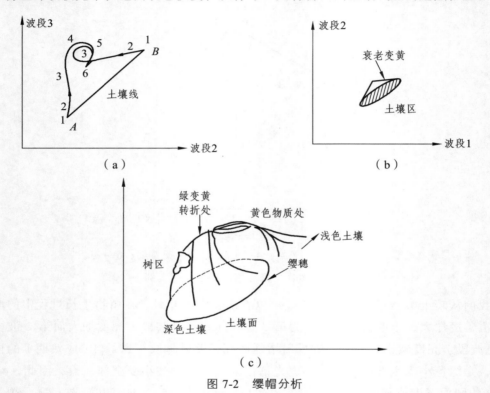

图 7-2　缨帽分析

这种发展变化的过程如果表示在波段 1 和波段 2 所构成的子光谱空间，则形态发生变化，土壤线变成土壤区域，农作物从生长到成熟前的过程也发生在同一区内，只有变黄以后才离开这个区向外发展，如图 7-2（b）所示。把土壤和农作物的生长过程在 MSS2-MSS3 和 MSS1-MSS2 两个平面的投影综合画到三维空间便形成了图7-2（c）所描绘的形态。这里不同土壤的点集形成土壤面。从土壤面引出一条条生长线，开始生长，几乎沿着垂直于土壤面的方向的不同路线，形成绿色植物区。到交汇处开始折返，并汇聚于黄色植物区，最后又回到它原来出发的土壤面起点处。这样的三维立体形态看起来很像一顶戴着尾巴的帽子，衰老处像一束缨子，土壤面就像帽口，由这外观的形象形成了"缨帽变换"。当然，大气中的雾霾、水蒸气、云层都不同程度地影响缨帽，造成土壤面的位移和旋转以及整体形态的变化。不同地区的资料及不同的农作物也会产生差异，但无论怎样，缨帽形态的规律是相同的。

从数学角度来看，这一变换是简单的，因为是线性变换。同时这种变换又有其重要意义，因为变换后新的坐标轴将代表明确的物理含义，可以与地物的一些特征直接联系。变换公式为：

$$Y=AX+r$$

式中：X 为像素的原光谱向量；Y 为变换后新空间的光谱向量；r 为误差项。变换后 $Y=(Y_1, Y_2, Y_3, Y_4, Y_5, Y_6)$ 中的前 3 个分量有明确的物理意义。第一分量为亮度分量，主要反映土壤信息，是土壤反射率变化的方向。第二分量为绿度分量，主要反映绿色植被的绿色生物量的特征。第三分量是湿度分量，反映了土壤的湿度与植被的湿度。最后的其他分量尚未发现有什么物理意义。

一般来说，K-T 变换在实际应用时舍掉后面的所有分量，只取前 3 个分量，在新的空间里数据结构更加简洁、清楚，分布面也加大，而且数据量受到压缩，同时还可以利用它研究大气散射的一些物理特征和影响。因此，K-T 变换有很大的实际应用价值。

7.2.2 TM 图像的 K-T 变换

1984 年，Crist 和 Cicone 提出了 LandSat-4 的 TM 图像的 K-T 变换公式 $Y=AX+r$，其中矩阵 A 由下面的系数构成：

$$A=\begin{bmatrix} 0.3037 & 0.2793 & 0.4743 & 0.5585 & 0.5802 & 0.1863 \\ -0.2848 & -0.2435 & -0.5436 & 0.7243 & 0.0840 & -0.1800 \\ 0.1509 & 0.1973 & 0.3273 & 0.3406 & -0.7112 & -0.4573 \\ -0.8242 & -0.0849 & 0.4392 & -0.0580 & 0.2012 & -0.2768 \\ -0.3280 & -0.0549 & 0.1075 & 0.1855 & -0.4357 & 0.8085 \\ 0.1084 & -0.9022 & 0.4120 & 0.0573 & -0.0251 & 0.0238 \end{bmatrix}$$

在变换公式 $Y=AX+r$ 中，X 向量是 TM 的第 1，2，3，4，5，7 波段图像上的灰度值。Y 向量是 X 向量经过矩阵变换后的灰度值。第 4 个分量较好地突出了图像中霾（haze）的信息。在这 6 个新的分量中后 3 个分量目前还没有发现与地物之间的明确关系。而前 3 个分量的实际物理意义如下：

（1）第 1 分量，亮度。亮度是 TM 的 6 个波段的加权和，反映了总体的反射值。由于中红外波段的影响，TM 的亮度值与 MSS 的亮度值不完全相等，但两者有很大的相关性。TM 的亮度不等于土壤变化的主要方向，这一点与 MSS 数据不同。

（2）第 2 分量，绿度。TM 的绿度与 MSS 的绿色物质分量很相近，几乎相同。因为从变换矩阵 A 中第 2 行系数看，红外波段 5 和 7 有很大抵消，剩下的是近红外与可见光部分的差值，反映了绿色生物量的特征。用亮度和绿度两个分量组成的二维平面，通常叫作"植被视面"。

（3）第3分量，湿度。对变换矩阵中第3行数据进行分析，这个分量反映了可见光和近红外波段（第1~4波段）与较长的红外波段（第5和第7波段）的差值。之所以定义为湿度，是根据是第5、7两个波段对土壤湿度和植物湿度最为敏感。湿度和亮度两个分量值组成的平面称为"土壤视面"。湿度与亮度组成的平面称为"过渡区视面"。它们是这个三维空间的某一投影面。由亮度、绿度、湿度构成的三维空间就是TM数据进行K-T变换后的新空间。在这个空间中，我们可以对植被、土壤等地面景观作更为细致、准确的分析。

对于LandSat-5和LandSat-7的遥感影像，其K-T变换中的系数矩阵A是不相同的。分别如下表7-1和7-2所示。

表 7-1　Landsat-5 的 TM 影像中 K-T 变换系数矩阵

LandSat-5	1	2	3	4	5	7	常数项
亮度	0.2909	0.2493	0.4806	0.5568	0.4438	0.1706	10.3695
绿度	−0.2728	−0.2174	−0.5508	0.7221	0.0733	−0.1648	−0.7310
湿度	0.1446	0.1761	0.3322	0.3396	−0.6210	−0.4186	−3.3828
霾	0.8461	−0.0731	−0.4640	−0.0032	−0.0492	0.0119	0.7879

表 7-2　Landsat-7 的 ETM 图像的 K-T 变换系数矩阵

LandSat-7	1	2	3	4	5	7	常数项
亮度	0.3561	0.3972	0.3904	0.6966	0.2286	0.1596	—
绿度	−0.3344	−0.3544	−0.4556	0.6966	−0.0242	−0.2630	—
湿度	0.2626	0.2124	0.0926	0.0656	−0.7629	−0.5388	—
第四分量	0.0805	−0.0498	−0.1950	−0.1327	−0.5752	−0.7775	—
第五分量	−0.7252	−0.0202	0.6683	0.0631	−0.4194	−0.0274	—
第六分量	0.4000	−0.8172	0.3832	0.0602	−0.1095	0.0985	—

7.3　傅里叶变换

傅里叶变换是变换域分析中一种广泛使用的工具，在图像处理中是一种有效而重要的方法。在遥感图像处理中，傅里叶变换的应用十分重要，如图像特征提取、频率域滤波、周期性噪声的去除、图像恢复、纹理分析等。把傅里叶变换的理论与遥感图像的物理解释相结合，可以有效解决有些遥感图像问题。

傅里叶指出，任何函数都可以表示为不同频率的正弦级数的和或者余弦级数的和的形式。这种级数就是我们常说的三角级数，有时我们也称为傅里叶级数。无论函数多么复杂，只要满足某些数学条件（狄里克莱条件），都可以用傅里叶级数来无限逼近。把函数表示成三角级数的的形式，就是傅里叶变换。

傅里叶变换尽管到现在已经有 200 多年的历史了，但是在 1965 年快速傅里叶变换（FFT）算法出现之前，并没有显示出其实用价值。直到后来无线电信号的广泛发展，傅里叶变换才得到了大规模的应用，尤其在今天的通信信号中应用非常广泛。

数字图像处理中所用的傅里叶变换均属 FFT。傅里叶变换分为连续傅里叶变换和离散傅里叶变换，在数字图像处理中经常用到的是二维离散型变量的傅里叶变换。

让·巴普蒂斯·约瑟夫·傅里叶（Jean Baptiste Joseph Fourier，1768 年—1830 年），法国著名数学家、物理学家。他于 1817 年当选为科学院院士，1822 年任该院终身秘书，后又任法兰西学院终身秘书和理工科大学校务委员会主席，主要贡献是在研究热的传播时创立了一套数学理论。

傅里叶生于法国中部欧塞尔的一个裁缝家庭，8 岁时沦为孤儿，就读于地方军校，1795 年任巴黎综合工科大学助教，1798 年随拿破仑军队远征埃及，受到拿破仑器重，回国后被任命为格伦诺布尔省省长。

傅里叶早在 1807 年就写成关于热传导的基本论文《热的传播》，向巴黎科学院呈交，但经拉格朗日、拉普拉斯和勒让德审阅后被科学院拒绝。1811 年他又提交了经修改的论文，该文获科学院大奖，却未正式发表。傅里叶在论文中推导出了著名的热传导方程，并在求解该方程时发现解函数可以由三角函数构成的级数形式表示，从而提出任一函数都可以展成三角函数的无穷级数。傅里叶级数（即三角级数）、傅里叶分析等理论均由此创始。

傅里叶由于对热传导理论的贡献，于 1817 年当选为巴黎科学院院士。1822年，傅里叶终于出版了专著《热的解析理论》（*Theorie analytique de la Chaleur*，Didot，Paris，1822）。这部经典著作将欧拉、伯努利等人在一些特殊情形下应用的三角级数方法发展成内容丰富的一般理论，三角级数后来就以傅里叶的名字命名。傅里叶应用三角级数求解热传导方程，为了处理无穷区域的热传导问题又导出了目前所称的"傅里叶积分"，这一切都极大地推动了偏微分方程边值问题的研究。然而傅里叶的工作意义远不止此，它迫使人们对函数概念作相应的修正和推

7.3.1　傅里叶变换和频谱

傅里叶变换最早应用在通信信号处理中，用来处理非周期性信号。设 $x(t)$ 为 $(-\infty, +\infty)$ 上的连续函数，当满足狄里克莱条件时（该条件不是很苛刻，对常见函数，一般都满足），有如下关系：

$$X(f) = \int_{-\infty}^{+\infty} x(t) e^{-2\pi i f t} dt \tag{7-1}$$

$$x(t) = \int_{-\infty}^{+\infty} X(f) e^{2\pi i f t} df \tag{7-2}$$

上式中，第一个公式为傅里叶变换，第二个公式为傅里叶逆变换。在第一式中，$X(f)$ 表示频率信号，它可以看成不同时间函数的积分，而在第二式中，$x(t)$ 又可以看成是不同频率 $X(f)$ 的信号合成。$x(t)$ 与 $X(f)$ 是相互对应的，我们称 $X(f)$ 是 $x(t)$ 的连续频谱，简称为频谱。在上式中，i 为复数单位，即 $i = \sqrt{-1}$。

公式（7-1）中，可以由信号 $x(t)$ 求出相应的频谱 $X(f)$。这个过程在信号处理中，称为频谱分析，此时由不同频率的三角级数构成。而这个过程在图像处理中，我们称为傅里叶正变换。

设想通过传感器所接收到的信号 $x(t)$，它包含两部分：有效信号 $s(t)$，它是我们所需要的，使我们能够了解研究对象的性质的信号；干扰信号 $n(t)$，它是我们不要的，对研究对象的性质起干扰作用。这两种成分合在一起就是实际得到的信号。信号处理的一个主要目的，就是削弱干扰信号 $n(t)$，保持或增强有效信号 $s(t)$。

理论与实验证明，一般情况下，干扰信号 $n(t)$ 的频谱与有效信号 $s(t)$ 的频谱是不同的。我们可以有针对性地设计不同的卷积函数，使之与实际信号进行合成，对实际信号进行过滤，剔除一定频率范围的三角级数，达到对干扰信号的剔除或者增强作用。

7.3.2　连续信号的卷积与滤波

连续信号的滤波过程可表示为图 7-3。在图中：$x(t)$ 为输入信号；$y(t)$ 为输出信号；$h(t)$ 称为滤波函数；$H(f)$ 称为滤波器频谱函数。这种滤波具有线性和时间不变的性质。

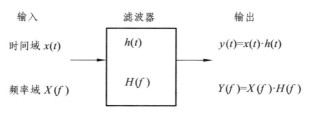

输入　　　　　　滤波器　　　　　输出

时间域 $x(t)$　　　　$h(t)$　　　　$y(t)=x(t)\cdot h(t)$

频率域 $X(f)$　　　　$H(f)$　　　　$Y(f)=X(f)\cdot H(f)$

图 7-3　连续信号的滤波过程

7.3.3　图像的傅里叶变换

图像的傅里叶变换与上述变换基本类似。只是在图像理论中，把通信中的时间阈——频率阈函数问题，转变为图像中的空间阈——频率阈函数问题。这里有两个改变。第一，研究对象不同，通信信号中的时间信号变为图像中的空间信号。第二，复杂度不同，在通信信号中，时间是一维空间，但是在图像中，空间信号是二维空间，增加了函数的复杂性。通信理论认为：任何一个随时间变化的波形都是由许多频率不同、振幅不同的正弦波或者余弦波组合而成的。图像理论认为：平面上的图像是由许多相位、振幅不同的 x-y 方向的空间频率叠加的结果，空间上的高频率波决定图像的细节，而空间上的低频率波决定图像的背景和动态范围。

若 $f(x, y)$ 为 (x, y) 二元连续函数（图像函数），则它的傅里叶变换 $F(u, v)$ 被定义为：

$$F(u, v) = \iint_{-\infty}^{+\infty} f(x, y)e^{-2\pi i(ux+vy)}\,dxdy$$

$F(u, v)$ 的傅里叶逆变换为

$$f(x, y) = \iint_{-\infty}^{+\infty} F(u, v)e^{2\pi i(ux+vy)}\,dudv$$

$F(u, v)$ 称为 $f(x, y)$ 的频谱。

7.3.4　傅里叶变换的一些基本性质

傅里叶变换有以下重要性质：

（1）对称性：函数的偶函数分量对应于傅里叶变换后的偶函数分量，奇函数分量对应于奇函数分量。

（2）加法定理：时域中的加法对应于频域内的加法。

（3）位移定理：函数位移的变化不会改变其傅里叶变换的振幅大小，但会产生一个相位变化。

（4）相似性定理："窄"函数对应于一个"宽"傅里叶变换，"宽"函数对应于一个"窄"傅里叶变换。所谓的宽窄，是指函数在坐标轴方向上的延伸情况。

（5）卷积定理：时间域中的函数卷积对应于频域中的函数乘积，或者说，两个函数卷积的傅里叶变换等于它们各自傅里叶变换的乘积。如果函数是在有限维空间中定义的图像，只有假设每个图像在各个方向上都有周期性的重复，卷积定理才成立。

（6）共轭性：将函数傅里叶变换的共轭输入傅里叶变换程序后，可得到该函数的共轭。这就是说，完全可以利用傅里叶变换程序计算傅里叶逆变换而无须重新编写逆变换程序。

对于二维傅里叶变换而言，还有两个特殊的重要性质：

（1）可分离性：如果二维函数可以分解为两个一维分量函数，那么傅里叶变换后的函数也可以分解为两个一维分量函数。这就是说，对二维函数作傅里叶变换可以分为两步进行。

（2）旋转：如果函数在时域中旋转一个角度，那么其傅里叶变换也会旋转相同的角度。

一般遥感图像处理系统都采用快速傅里叶变换（FFT，Fast Fourier Transform）方法，即用两次一维的 FFT 进行快速运算处理，把遥感图像转换为一系列不同频率的二维的正弦波或者余弦波。在现有的遥感应用软件中，一般都有快速傅里叶变换的模块，使用非常方便。

7.3.5　频率域图像的基本特征

从原始的遥感影像，经过傅里叶变换后，往往是面目全非的频率域图像，如图 7-4 所示。那么这种频率域图像含有的信息是什么？它有什么特征？

首先，在空间域图像中，大块面状的地物为低频成分，而线性的地物为高频成分。这是因为大块面状的地物在频率上没有明显的变化，因此体现为低频部分，而线性地物，在频率上有明显的变化，因此体现为高频信号。

其次，傅里叶变换具有对称性。为了便于显示，频率图像往往以图像的中心为坐标原点，左上-右下、右上-左下对称。图像中心为原始图像的平均亮度值，频率为 0。从图像中心向外，频率增高。高亮度表明频率特征明显。

最后，频率域图像中明显的频率变化方向与原始图像中地物分布方向垂直。在图 7-4（a）中，田地以东北至西南呈条带状分布，因此在频率域图像中，表现为左上-右下方向频率变化比较明显。在图 7-4（b）中高亮显示的两个方向，恰恰是原始图像在该方向上有明显的明暗变化。

（a）遥感影像　　　　　（b）对应的频率域图像

图 7-4　遥感影像与对应的频率域图像

7.3.6　傅里叶变换的流程

傅里叶变换的基本流程为：先对原始遥感影像进行 FFT 正向变换，然后对频率域图像选择滤波器进行低通滤波或者高通滤波，得到新的频率域图像，对它进行逆向 FFT 变换（IFFT），得到新的遥感影像。其具体过程如下：

（1）正向 FFT 变换：指定图像的一个波段，进行 FFT 变换，产生频率域图像。

（2）选择滤波器滤波。以频率域图像为参照，选择滤波器。常用的滤波器有低通、高通、带通、带阻等。用户可以根据实际需求选择不同的滤波器。

（3）IFFT 变换。将选择的滤波器应用到频率域图像，得到新的频率域图像，此时这个图像依然是一幅"看不懂"的频率域图像，需要进行逆向 FFT 变化，形成能看懂的空间域图像。

图 7-5 以 TM 影像为例说明傅里叶变换的效果。原始图像 7-5（a）中有大量的接近于水平方向的噪声，影响了图像的质量，需要去除这些水平干扰线。现在图像 7-5（a）经过傅里叶正变换、滤波、傅里叶反变换，得到修正后的图像 7-5（b）。此时在图像 7-5（b）中不再有水平干扰线，同时原来的图像得到了较好的保持。这表明：当噪声有明显的频率特征时，使用傅里叶变换方法除去噪声，效果最佳。

（a）原始 TM 影像　　　（b）经过傅里叶变换修正后的影像

图 7-5　傅里叶变换前后图像对比

7.4　滤波器

上面讲到滤波器的选择。根据滤除的频率的特征，滤波有 3 种：低通滤波、高通滤波和带通滤波。

（1）低通滤波。低通滤波是对频率域的图像通过滤波器 $H(u, v)$ 削弱或抑制高频部分而保留低频部分的滤波方法。由于图像上的噪声主要集中在高频部分，所以，低通滤波可以起到压抑噪声的作用。同时，由于低通滤波强调了低频成分，图像会变得比较平滑。

（2）高通滤波。高通滤波与低通滤波相反，是对频率域的图像通过滤波器来抑制低频部分，而保留高频部分的滤波方法。通过高通滤波，可以突出图像的边缘和轮廓，是图像锐化的一种好方法。

（3）带通滤波。带通滤波是指仅保留指定频率范围的滤波，范围外的频率被阻止的滤波方法。

总之，按照滤波的方式分，滤波有"通"和"阻"两种。高通滤波意味着低阻滤波，低通滤波意味着高阻滤波，带通滤波对其他的频率则意味着带阻。

滤波的关键是正确选择滤波器并且确定合适的"通"或"阻"的频率。与滤波类型相比，选择合适的截止频率更难一些。遥感图像与通信信号不同，是不同频率地物的混杂，分离出特定地物的频率并据此进行滤波，往往需要多次实验才能得到满意的结果。但是，对于图像中的周期性信号（主要是图像扫描产生的噪声）的去除，频率域滤波更容易得到满意的结果。

常用的滤波器有 5 种，分别是：

（1）低通滤波器，用来保留图像中的低频成分，滤除图像中的高频成分。由于噪声多是高频成分，所以低通滤波器应用较多。

（2）高通滤波器，与低通滤波器相反，用来保留高频成分。

（3）带通滤波器，用来保留特定频率范围的信息。

（4）带阻滤波器，用来阻止特定频率范围的信息。

（5）自定义滤波器，根据频率域图像中的频率分布，用户自行定义。

在实际工作中，最常用的是用户定义滤波器，可以根据频率的分布灵活选择滤波的频率范围，包括用线、矩形、椭圆、多边形等来限定滤波的频率范围。

下面介绍常用的低通和高通滤波器。

7.4.1　理想的滤波器

1. 理想低通滤波器

设在频率域平面内，理想低通滤波器距原点的截止频率为 D_0，设该点到原点的

距离为 $D(u, v) = [u^2 + v^2]^{1/2}$，则理想低通滤波器的传递函数为

$$H(u, v) = \begin{cases} 1, D(u, v) \leqslant D_0 \\ 0, D(u, v) \geqslant D_0 \end{cases}, \ D_0 \geqslant 0$$

理想低通滤波器的传递函数如图 7-6（a）所示。D_0 的大小根据需要确定。当 $D < D_0$ 时，低频分量全部通过；而当 $D > D_0$ 时，高频分量则全部去除。由于高频部分包含大量边缘信息，因此用理想滤波器处理后会导致边缘损失、图像边缘模糊。

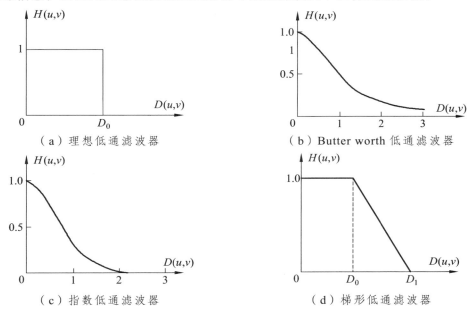

图 7-6　低通滤波器函数

2. 理想高通滤波器

理想高通滤波器传递函数为：

$$H(u, v) = \begin{cases} 0, D(u, v) \leqslant D_0 \\ 1, D(u, v) \geqslant D_0 \end{cases}, \ D_0 \geqslant 0$$

其函数图形如图 7-7（a）所示。D_0 可根据需要确定。该滤波器与理想低通滤波器相反，$D > D_0$ 的高频频率全部通过，$D < D_0$ 的低频频率全部去除。理想高通滤波器处理的图像中边缘有抖动现象。

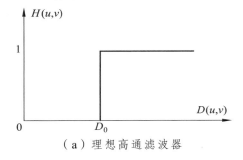

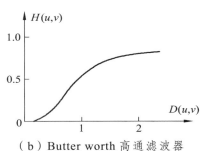

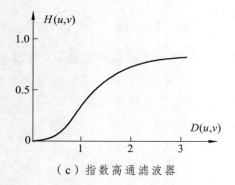

（c）指数高通滤波器

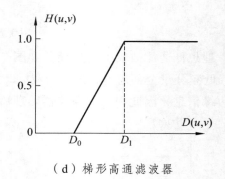

（d）梯形高通滤波器

图 7-7　高通滤波器函数

7.4.2　Butterworth 滤波器

1. Butterworth 低通滤波器

Butterworth 传递函数为：

$$H(u, v) = \cfrac{1}{1 + \left[\cfrac{D(u, v)}{D_0}\right]^{2n}}, \quad n \in \mathbf{N}, \quad n \text{ 是阶数}$$

Butterworth 低通滤波器的传递函数如图 7-6（b）所示，它的特点是连续衰减，不像理想低通滤波器那样在某一点处，直接衰减为 0，使函数图像具有明显的跳跃性。因此，用此滤波器处理后图像边缘的模糊程度大大降低。

2. Butterworth 高通滤波器

与 Butterworth 低通滤波器相反的是 Butterworth 高通滤波器。它的传递函数如下，其函数图像见图 7-7（b）。

$$H(u, v) = \cfrac{1}{1 + \left[\cfrac{D_0}{D(u, v)D_0}\right]^{2n}}, \quad n \in \mathbf{N}, \quad n \text{ 是阶数}$$

Butterworth 锐化效果较好，边缘抖动现象不明显，但计算量大。

7.4.3　指数滤波器

指数低通滤波器传递函数为：

$$H(u, v) = \mathrm{e}^{-\left[\frac{D(u, v)}{D_0}\right]^n}, \quad n \in \mathbf{N}$$

指数低通滤波器传递函数的图像如图 7-6（c）所示，采用此滤波器在抑制噪声的同时，图像中边缘的模糊程度比 Butterworth 滤波器大。

指数高通滤波器传递函数为：

$$H(u, v) = \mathrm{e}^{-\left[\frac{D_0}{D(u, v)}\right]^n}, \quad n \in \mathbf{N}$$

指数高通滤波器传递函数的图像如图 7-7（c）所示，指数高通滤波器比 Butterworth 效果差些，边缘抖动现象不明显。

7.4.4 梯形滤波器

梯形低通滤波器的函数如下：

$$H(u, v) = \begin{cases} 1, & D(u, v) < D_0 \\ \dfrac{D(u, v) - D_1}{D_0 - D_1}, & D_0 \leqslant D(u, v) \leqslant D_1 \\ 0, & D(u, v) > D_1 \end{cases}$$

式中：D_0 为截止频率。梯形低通滤波器的传递函数的图像如图 7-6（d）所示，它为了消除理想低通滤波器突然间断的现象，其处理后的图像有一定模糊，但比理想滤波器要柔和一点。

梯形高通滤波器的函数如下：

$$H(u, v) = \begin{cases} 0, & D(u, v) < D_0 \\ \dfrac{D(u, v) - D_1}{D_0 - D_1}, & D_0 \leqslant D(u, v) \leqslant D_1 \\ 1, & D(u, v) > D_1 \end{cases}$$

梯形高通滤波器的传递函数的图像如图 7-7（d）所示。图像经过梯形高通滤波后会产生轻微的抖动现象。但该函数因计算简单而经常被使用。

7.4.5 高斯滤波器

在上述 4 种滤波函数之外，通常我们还用高斯函数作为滤波函数。高斯低通滤波器的函数如下：

$$H(u) = Ae^{\frac{-u^2}{\sigma^2}}$$

高斯函数有个特点，即高斯函数的傅里叶变换就是其本身。对此本书不再做详细的论述，读者可参考相关的书籍。

7.5 同态滤波

同态滤波（homo-morphic filter）是减少低频增加高频，从而减少光照变化并锐化边缘或细节的图像滤波方法。在数学算法上，同态滤波是在进行快速傅里叶变换之前先做一个对数运算。然后在 IFFT 之后，再做指数运算。注意，对数运算与指数运算是互为反的函数。其基本操作步骤如图 7-8 所示。

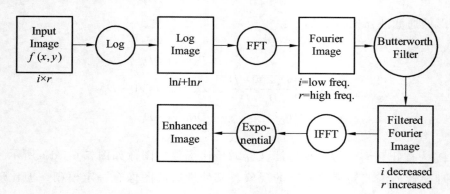

图 7-8 同态滤波流程

为什么使用同态滤波呢？

因为一幅图像 $f(x, y)$ 可以用照射分量和反射分量来模拟，即

$$f(x, y)=i(x, y) \cdot r(x, y)$$

其中：$i(x, y)$ 为照射分量；$r(x, y)$ 为反射分量。图像的照射分量是光照条件、阴影等的函数，空间上变化缓慢。反射分量是目标物体的函数，常常引起突变，特别是在不同地物的连接处。这些特性使得可以将频率域的低频成分与照射分量相联系，将高频成分与反射分量相联系。这种联系尽管是近似的，但处理后的图像清晰度大幅提高，这对于图像的增强很有好处。

下面看看图 7-8 的流程。总共分 5 步：

（1）取对数。

$$\ln f(x, y)=\ln i(x, y)+\ln r(x, y)$$

对图像进行对数运算，使图像运算从乘法变为加法，物理含义是分开照射分量和反射分量。然后，可以在频率域进行图像的处理。

（2）对上述的结果进行傅里叶变换。

$$F(u, v)=I(u, v) \cdot R(u,v)$$

（3）选取滤波器函数 $H(u, v)$ 对 $F(u, v)$ 进行滤波，得到：

$$G(x, y)=H(u, v) \cdot F(u, v)=H(u, v) \cdot I(u, v) \times H(u, v) \cdot R(u, v)$$

在这里，$H(u, v)$ 称为同态滤波函数，它可以分别作用于照射分量和反射分量上。同态滤波函数的类型和参数的选择对滤波的结果影响很大。

（4）应用傅里叶逆变换将滤波后的图像转换到空间域上，即：

$$h_f(x, y)= h_i(x, y) \cdot h_r(x, y)$$

（5）再对上式进行指数变换，即：

$$g(x, y)=\exp|h_f(x, y)|=\exp|h_i(x, y| \cdot \exp|h_r(x, y)|$$

不同空间分辨率的遥感图像使用同态滤波的效果不同。如果图像中的光照是均匀的，那么进行同态滤波产生的效果不大。但是，如果光照明显是不均匀的，那么同态滤波有助于表现出图像中暗处的细节（图7-9）。

（a）原始图像

（b）同态滤波后的图像

图 7-9　同态滤波

第8章　数字图像的滤波

上一章讲了一些图像滤波的知识。对于数字图像来说，数字图像滤波是从图像中剔除有害信息，或者压抑这种有害信息，从而突出图像的有用信息，可见图像滤波本质上是一种图像增强的方法。

图像滤波可分为空间域滤波和频率域滤波两种方法。空间域滤波是通过窗口或卷积函数，根据它相邻像素的数值来改变单个像素的灰度值的办法。频率域滤波是把图像的空间信号当成频率信号，利用信号处理常用的办法（如第7章中的傅里叶变换），将信号分成低频信号和高频信号，然后再对变换后的信号进行高通滤波或者低通滤波，以达到图像增强的目的。如果图像存在周期性条带噪声，那么使用频率域滤波效果很好。本章主要讲解空间域滤波。

图像的空间域滤波操作是一种邻域操作。其像素的改变依赖于周围像素的影响。与当前像素相邻的像素为邻域像素，通过指定窗口的大小确定邻域范围。一般采用3×3大小的窗口。即一个像素由周围8个像素包围。相邻像素对当前像素的影响表现为权重矩阵（也称为模板或卷积核），通过权重矩阵进行窗口卷积计算，从而实现图像的空间域滤波，进而提高图像的影像质量。

8.1　图像噪声

图像在获取和传输的过程中，受传感器和大气等因素的影响会存在噪声。在图像上，这些噪声表现为一些随机变化的亮点。例如图 8-1 所示这幅简单的数字图像，一般认为，第3行第5列的像素就是噪声，因为 77 的取值明显比周围的像素要大很多。同理，第4行第3列的像素也是噪声，因为 88 的取值明显比周围的像素要大很多。

4	2	7	6	3
2	1	0	5	2
3	3	4	1	77
5	6	88	4	3
4	4	10	6	7

图 8-1　带有噪声的数字图像

可见，噪声在数字图像上表现为随机分布的一些高亮点或者黑点，这些亮点（黑点）的位置根据判读并不应该是亮点或者黑点。噪声一般是不可预测的随机信号。由于噪声影响图像的质量，而噪声在图像的采集、接收、输入、转变所有过程中都会产生，因此剔除或者抑制噪声已成为图像滤波的重要任务。

8.1.1　图像噪声的种类

图像噪声按其产生的原因可分为外部噪声和内部噪声。外部噪声是指图像处理系统外部产生的噪声，如电磁波干扰；内部噪声是指系统内部产生的噪声，例如仪器的不稳定性。

从统计学的观点来看，噪声可分为平稳噪声和非平稳噪声。凡是统计特征不随时间变化的噪声称为平稳噪声；相反，统计特征随时间变化的噪声称为非平稳噪声。根据噪声幅度分布形态，噪声可分为高斯噪声和瑞利噪声。还有按频谱分布形状进行分类的，如均匀分布的噪声称为白噪声。按产生过程进行分类，噪声可分为量化噪声和椒盐噪声等。

8.1.2　噪声特征

单波段的图像上的亮度值 $f(x, y)$ 可看作地理坐标 (x, y) 上的二维平面亮度分布。噪声可看作是对亮度的干扰，此时图像上某一像素的亮度值不再是 $f(x, y)$，而可能是 $F(x, y) = f(x, y) + \varepsilon(x, y)$。如果 $\varepsilon(x, y)$ 所占比重比较大，即有用信号被噪声严重影响。一般来说，噪声是随机性的，因而可用随机过程的统计特征量来描述。但在遥感影像中，噪声的分布特征不容易得到。事实上，在遥感影像处理中，最重要的工作是剔除噪声。

8.1.3　噪声的模型

按噪声对图像的影响可分为加性噪声模型和乘性噪声模型两大类。设 $f(x, y)$ 为理想图像，$\varepsilon(x, y)$ 为噪声，输出图像为 $F(x, y)$，则对于加性噪声而言，$\varepsilon(x, y)$ 和像素亮度值大小无关，即 $F(x, y) = f(x, y) + \varepsilon(x, y)$。加性噪声通常表现为高斯噪声或脉冲噪声。

对于乘性噪声而言，$\varepsilon(x, y)$ 和像素亮度值大小相关，即随亮度值变化而变化，其表达式为 $F(x, y) = f(x, y) + f(x, y) \cdot \varepsilon(x, y)$。

乘性噪声的模型和分析计算比较复杂。通常，在建立模型之前，要对信号中可能产生的噪声进行定性处理，然后再选择使用加性噪声模型还是乘性噪声模型，或者二者兼而有之。

8.1.4　遥感影像中常见的噪声类型

1. 高斯噪声

噪声的像素值分布可以使用高斯概率密度来描述，在数学上容易处理。0 均值的高斯噪声指每个像素值中附加了 0 均值的，具有高斯概率密度的函数值。通常假设图像含有高斯噪声，如图 8-2 所示。

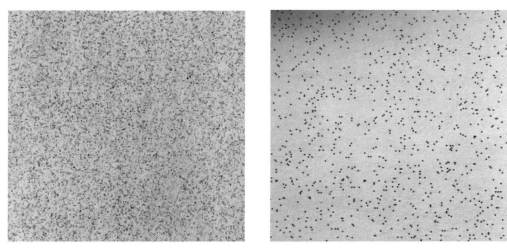

图 8-2　高斯噪声图像（均值=0，方差=0.05）和椒盐噪声图像

2. 脉冲噪声（椒盐噪声）

脉冲噪声随机改变一些像素值，在二值图像上表现为使一些像素点变白，而使另外一些像素点变黑。如果只是一些像素点变白，而不存在像素点变黑或者反之的情形，又称为单级脉冲噪声；如果两种都发生，则称为双极脉冲噪声。如果把图像上的黑点当成胡椒，白点当成盐粒，这相当于在图像上随机撒了很多胡椒和盐粉微粒。通过这种形象的比拟，双极脉冲噪声也称为椒盐噪声。它们有时也被称为散粒和尖峰噪声。

噪声脉冲可以是正的，也可以是负的。因为脉冲干扰通常与图像信号的强度相比较大，因此，在一幅图像中，我们往往把脉冲噪声数字化为最大值（纯黑或纯白）。负脉冲以一个黑点（胡椒点）出现在图像中，正脉冲以白点（盐粒）出现在图像中。对于一个 8 bit 图像，这意味着胡椒=0(黑色)，盐粒=255(白色)。

3. 周期噪声

图像中的周期噪声是获取过程中受成像设备影响产生的，或者受电磁波的周期性干扰造成的。这使得图像的平面空间夹杂着周期性噪声。周期噪声可通过频率域滤波进行消除。

8.2 图像平滑

为了抑制噪声、改善图像质量，用平滑的方法可以减小噪声，使整幅图像的亮度平缓，间接地剔除不必要的"噪声"点，这种处理方法称为图像平滑。图像的平滑一般分为均值滤波、中值滤波。

在讲述图像平滑之前，先讲述图像的卷积运算这个概念。卷积本身是一个数学运算，是两函数乘积的积分。但在图像应用中，由于面对的是离散的数字图像信号，此时卷积可以看成是离散函数的卷积，即看成两个变量在某范围内相乘后求和的结果。设卷积的两变量是序列 $x(n)$ 和 $h(n)$，则卷积的结果

$$y(n) = \sum_{i=-\infty}^{\infty} x(i)h(n-i) = x(n) * h(n)$$

其中星号*表示卷积符号。$h(n)$ 称为卷积函数，或者称为模板。随着 n 值的移动，$x(n)$ 序列变成了新的序列 $y(n)$，这就是图像中的卷积运算。

8.2.1 均值滤波

均值滤波是将每个像元在以其为中心的区域内取平均值来代替该像元值，以达到去掉尖锐"噪声"和平滑图像的目的。均值滤波对高斯噪声比较有效。

当区域范围取做 $M×N$ 时，若设其中心像元的值等于

$$r(i, j) = \frac{1}{MN} \sum_{m=1}^{M} \sum_{n=1}^{N} \phi(m, n)$$

那么，上述运算可以看成做了一次卷积运算。而该卷积运算中"模板"如下面矩阵所示：

$$\boldsymbol{h}(m, n) = \begin{bmatrix} \dfrac{1}{9} & \dfrac{1}{9} & \dfrac{1}{9} \\ \dfrac{1}{9} & \dfrac{1}{9} & \dfrac{1}{9} \\ \dfrac{1}{9} & \dfrac{1}{9} & \dfrac{1}{9} \end{bmatrix}$$

即上式可写成卷积运算的形式：$r(i, j) = \sum_{m=1}^{M} \sum_{n=1}^{N} \phi(m, n) * h(m, n)$ 。

【例 8-1】对图 8-1 所示带有噪声的图像进行均值滤波。

【解】由于第一像元（值为 4），并不处于模板的中心位置。为了使它变为中心位置，此时先对原始图像上下左右各加一行和一列。加行加列的赋值与相邻亮度值相同，即 5×5 的数字图像变为下面的 7×7 数字图像。此时原先第一个像素 4 就位于 3×3 模板的中心位置了。

4	4	2	7	6	3	3
4	4	2	7	6	3	3
2	2	1	0	5	2	2
3	3	3	4	1	77	77
5	5	6	88	4	3	3
4	4	4	10	6	7	7
4	4	4	10	6	7	7

对于第一个像素 4，$\phi(m, n)$ 为如下方阵：

4	4	2
4	4	2
2	2	1

使用模板运算，即把下面模板覆盖在上面的方阵中。

$\frac{1}{9}$	$\frac{1}{9}$	$\frac{1}{9}$
$\frac{1}{9}$	$\frac{1}{9}$	$\frac{1}{9}$
$\frac{1}{9}$	$\frac{1}{9}$	$\frac{1}{9}$

现在进行乘积叠加操作，并进行求和，即

$$r(1, 1) = 4 \times \frac{1}{9} + 4 \times \frac{1}{9} + 2 \times \frac{1}{9} + 4 \times \frac{1}{9} + 4 \times \frac{1}{9} + 2 \times \frac{1}{9} + 2 \times \frac{1}{9} + 2 \times \frac{1}{9} + 1 \times \frac{1}{9} = 2.78$$

由于数字图像中每个像素的存储值都为整数，因此需进行四舍五入。此时 $r(1, 1) = 3$。如法炮制，

$$r(1, 2) = 4 \times \frac{1}{9} + 2 \times \frac{1}{9} + 7 \times \frac{1}{9} + 4 \times \frac{1}{9} + 2 \times \frac{1}{9} + 7 \times \frac{1}{9} + 2 \times \frac{1}{9} + 1 \times \frac{1}{9} + 0 \times \frac{1}{9} \approx 3$$

最后，形成新的数字图像，如图 8-2 所示。此时噪声 "77" 和 "88" 降为 "19" 和 "14"。

3	3	4	4	4
3	3	3	12	20
3	12	12	20	19
4	14	14	22	21
4	15	15	16	6

图 8-2　经过均值滤波后的数字图像

上式进行均值滤波时，中间像元具有贡献量。如果去除中间像元的贡献量，可以把模板改成下面这种模板：

$$h(m, n) = \begin{bmatrix} \dfrac{1}{8} & \dfrac{1}{8} & \dfrac{1}{8} \\ \dfrac{1}{8} & 0 & \dfrac{1}{8} \\ \dfrac{1}{8} & \dfrac{1}{8} & \dfrac{1}{8} \end{bmatrix}$$

根据需要，还可以使用下面几种模板：

0	$\dfrac{1}{5}$	0
$\dfrac{1}{5}$	$\dfrac{1}{5}$	$\dfrac{1}{5}$
0	$\dfrac{1}{5}$	0

0	$\dfrac{1}{4}$	0
$\dfrac{1}{4}$	0	$\dfrac{1}{4}$
0	$\dfrac{1}{4}$	0

$\dfrac{1}{10}$	$\dfrac{1}{10}$	$\dfrac{1}{10}$
$\dfrac{1}{10}$	$\dfrac{2}{10}$	$\dfrac{1}{10}$
$\dfrac{1}{10}$	$\dfrac{1}{10}$	$\dfrac{1}{10}$

均值滤波算法简单，计算速度快，但在去掉尖锐噪声的同时造成了图像的模糊，特别是对图像的边缘和细节削弱很多，而且对图像中的非噪声信息也做了改变。

8.2.2　中值滤波

中值滤波是对均值滤波的一种改进。比较图 8-1 与图 8-2，此时在去"噪声"的同时，其他像素的亮度值都发生了改变，而中值滤波将窗口内的所有像素值按大小排序后取中值作为中心像素的新值。由于用中值替代了平均值，中值滤波在抑制噪声的同时能够有效地保留原像素值，使得整个图像减少模糊。

对图 8-1 做中值滤波，例如第 2 行第 2 列数字"1"，此时取左上角 3×3 个像素，即 4，2，7；2，1，0；3，3，4；先把它们按从小到大排列，即为 0，1，2，2，3，3，4，4，7。此时取这个数列中的中位数 3 来代替原图像中的 1。然后 3×3 模板依次向右、向下移动，对所有的数值做一次中值滤波，得到的图像如图 8-3 所示。

2	2	5	5	3
2	3	3	4	3
3	3	4	4	4
4	4	4	6	6
4	5	6	7	6

图 8-3　中值滤波后的图像

中值滤波与均值滤波的目的都是去除图像上尖锐的"噪声"或平滑图像，但两者之间又有区别，选用哪种方法要根据图像特点和处理目的决定。在方法上，中值滤波与均值滤波方法一致，只是一个取数列的中值，一个取数列的均值。

中值滤波可用来减弱随机干扰和脉冲干扰。由于中值滤波是非线性的，因此对随机输入信号的数学分析比较复杂。中值滤波的输出与输入噪声的概率密度分布有关，而均值滤波的输出则与之无关。中值滤波对于随机噪声的抑制比均值滤波差一些，但对于脉冲噪声干扰的椒盐噪声（特别是脉冲宽度小于 1/2 的窗口宽度且相距较远的窄脉冲干扰），中值滤波是非常有效的。

8.2.3　选择性滤波

为了保留图像的边缘和细节信息，可对上述算法再进行改进，引入阈值 T，即将原图像灰度值 $f(x, y)$ 与滤波结果值 $g(x, y)$ 之差的绝对值与选定的阈值进行比较，根据比较结果确定像素 (x, y) 的最后值。当差异小于或等于阈值时取原值 f，当差异大于阈值时取新值 g。

这种方法一方面很好地去除了图像上尖锐的噪声，另外一方面又很好地保持了原图像本身已有的信息。

8.2.4　选择式掩模平滑

中值滤波法和均值滤波法在消除噪声的同时，都不可避免地带来图像平滑的缺憾，致使尖锐变化的边缘或线形地物变得模糊。选择式掩模平滑旨在追求既完成滤波操作，又不破坏区域边界的细节。其方法如下：

取 5×5 窗口，在窗口内以中心像素 $f(i, j)$ 为基准点，制作 4 个五边形、4 个六边形、1 个边长为 3 的正方形共 9 个掩模（图 8-4）。计算各掩模的均值 a 及方差 k，然后选择最小的方差对应的 a 值作为新像素值。下面举一个具体的例子。

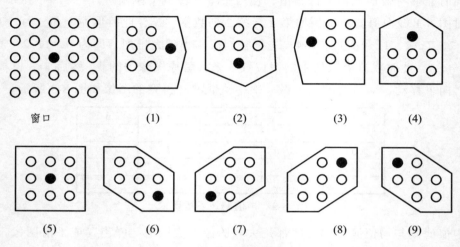

窗口　　　（1）　　　（2）　　　（3）　　　（4）

（5）　　　（6）　　　（7）　　　（8）　　　（9）

图 8-4　选择式掩模平滑方法

例如，某一图像的某局部如下：

$$
\begin{matrix}
3 & 6 & 4 & 2 & 1 \\
4 & 7 & 3 & 2 & 4 \\
8 & 4 & 1 & 4 & 3 \\
4 & 2 & 1 & 5 & 3 \\
4 & 3 & 2 & 1 & 6
\end{matrix}
$$

其中心像元为 1。现在用掩模法平滑方法，看看该像元会平滑为多少？首先，先用图 8-3 中的第（1）个模板来覆盖图像，其黑点要把中心像元 1 覆盖住。此时白色的圈所覆盖的数字分别是 4, 7, 8, 4, 4, 2。计算它们的均值和方差，得：

$$
a_1 = \frac{4 + 7 + 8 + 4 + 4 + 2 + 1}{7} \approx 4.3
$$

$$
k_1 = \frac{(4 - 4.3)^2 + (7 - 4.3)^2 + \cdots + (1 - 4.3)^2}{7} \approx 5.3
$$

然后用第（2）个模板来覆盖图像，其黑点也是要把中心像元 1 覆盖住。此时白色的圈所覆盖的数字分别是 6, 4, 2, 7, 3, 2。计算它们的均值和方差，得到 a_2 和 k_2。

如法炮制，共得到九组数据，即

$$a_i = \{4.3;\ 3.6;\ 3.1;\ 2.3;\ 3.5;\ 4.5;\ 2.7;\ 3.0;\ 3.3\}$$

$$k_i = \{5.3;\ 4.2;\ 1.6;\ 1.8;\ 3.4;\ 3.4;\ 1.4;\ 1.6;\ 3.7\}$$

现在，在 k_i 中选择最小值， $k_{\min} = k_7 = 1.4$ ；寻找 k_7 对应的 $a_7 = 2.7$ ，四舍五入后，得到新像素的值为 3。即该图像最中心的像素 1，经过掩模平滑后，变为 3。

8.3 图像锐化

为了突出图像中的地物边缘、轮廓或线状目标，可以采用锐化的方法。锐化提高了边缘与周围像素之间的反差，因此也称为边缘增强。平滑通过求相邻像素平均值的过程使图像边缘模糊，与之相反，图像锐化则通过微分使图像边缘突出。

8.3.1 线性锐化滤波器

线性高通滤波器是最常用的线性锐化滤波器。这种滤波器的中心系数为正数，其他系数为负数。该滤波器有时会导致输出的像素值为负数。因此，还需要进行灰度变换，使结果保持在正数范围内。线性高通滤波锐化可以通过原始图像减去低通图像得到。例如原始图像减去均值滤波的图像结果就是线性锐化的图像。这种操作又被称为掩模。

8.3.2 梯度法

梯度法是利用梯度的概念来进行图像的锐化。图像 $f(x, y)$ 在像素点 (x, y) 处的梯度可定义为一个向量

$$\mathbf{grad}f(x, y) = \begin{bmatrix} \dfrac{\partial f(x, y)}{\partial x} \\ \dfrac{\partial f(x, y)}{\partial y} \end{bmatrix}$$

梯度的模为各分量的平方和再求平方根，即为

$$\left| \mathbf{grad}f(x, y) \right| = \sqrt{\left(\frac{\partial f(x, y)}{\partial x} \right)^2 + \left(\frac{\partial f(x, y)}{\partial y} \right)^2}$$

从梯度的定义可知，梯度反映了相邻像素之间灰度的变化率。图像中的边缘，例如河流、湖泊的边界、道路等处灰度的变化率较大，因此在边缘处一定有较大的

梯度值。而大面积的农田或者海面灰度变化较小，具有较小的梯度值。对于灰度级为常数的区域，梯度值为 0。即在农田的内部，其梯度值为 0。因此，以梯度值替代像素的原灰度值生成梯度图像，在梯度图像上梯度值较大的部分就是边缘或者边界。

下面推导用模板的方法来表示梯度。

令　　$t_1 = \dfrac{\partial f(x, y)}{\partial x}$，　$t_2 = \dfrac{\partial f(x, y)}{\partial x}$

则　　$|\mathbf{grad}\, f(x, y)| = \sqrt{t_1^2 + t_2^2} = \sqrt{|t_1|^2 + |t_2|^2} \leqslant \sqrt{(|t_1| + |t_2|)^2} = |t_1| + |t_2|$

对于离散型数字图像，其偏导数可以用下面的公式近似求解，即

$$t_1 = \frac{\partial f(x, y)}{\partial x} = \frac{f(x, y) - f(x+1, y)}{\Delta x} = \frac{f(x, y) - f(x+1, y)}{1} = f(x, y) - f(x+1, y)$$

$$t_2 = \frac{\partial f(x, y)}{\partial y} = \frac{f(x, y) - f(x, y+1)}{\Delta y} = \frac{f(x, y) - f(x, y+1)}{1} = f(x, y) - f(x, y+1)$$

这样，

$$|\mathbf{grad}\, f(x, y)| \approx |f(x, y) - f(x+1, y)| + |f(x, y) - f(x, y+1)|$$

上面的运算，改变成模板运算，则相当于图像用以下两个模板进行卷积运算后，再求和。

$h_1=$	1	0
	−1	0

$h_2=$	1	−1
	0	0

8.3.3　Roberts 梯度法

Roberts 梯度与上述方法相似，只是所使用的模板不同。罗伯特梯度所使用的模板如下：

$h_1=$	1	0
	0	−1

$h_2=$	0	−1
	1	0

Roberts 算法过程与梯度法算法过程也相同。这种算法的意义在于用交叉的方法

检测像素与其在上下之间或左右之间或斜方向之间的差异。采用 Roberts 梯度对图像中的每个像素计算其梯度值，最终产生一个梯度图像，达到突出边缘的目的，如图 8-5 所示。

原始图像

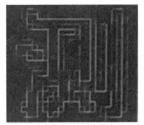
罗伯特梯度图像

图 8-5　罗伯特梯度计算结果

8.3.4　Prewitt 和 Sobel 梯度

Roberts 梯度法使用 2×2 模板，因此没有中心像素。与 Roberts 梯度法相比，Prewitt 算法和 Sobel 梯度更多地考虑了邻近点的关系，扩大了模板，从 2×2 模板扩大到 3×3 模板。这样就有了中心像素。其他计算过程相同。

Prewitt 梯度，使用的两个模板如下：

$h_1=$	−1	−1	−1
	0	0	0
	1	1	1

$h_2=$	−1	0	1
	−1	0	1
	−1	0	1

Sobel 梯度是在 Prewitt 算法的基础上，对 4-邻域采用加权方法，因而对边缘的检测更加敏感，采用的模板如下

$h_1=$	−1	−2	−1
	0	0	0
	1	2	1

$h_2=$	−1	0	1
	−2	0	2
	−1	0	1

在上面的 Prewitt 和 Sobel 模板中，h_1 主要对水平方向的地物进行锐化，h_2 模板

对垂直方向的地物进行锐化（锐化效果见图 8-6）。在实际应用中，需要引起注意的是，模板对于含有大量噪声的图像不适用。

原始图像

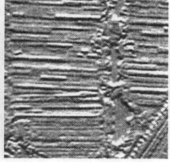
使用 h_1 模板锐化

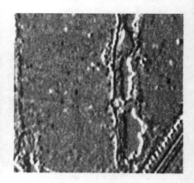
使用 h_2 模板锐化

图 8-6　Sobel 不同模板的锐化效果
（全色波段的遥感影像，黑色的是河流，右下角是公路）

图 8-7（a）是一个 7×7 的原始数字图像，在图像中存在两种地物，在两种地物之间存在边界。对该图像分别用 Roberts 和 Sobel 梯度算法进行锐化得到的梯度图像如图 8-7（b）和图 8-7（c）所示。

6	6	6	12	12	12	12
6	6	6	12	12	12	12
6	6	6	12	12	12	12
6	6	6	12	12	12	12
6	6	6	6	6	6	6
6	6	8	6	6	6	6
6	6	8	6	6	6	6

（a）原图像

0	0	12	0	0	0	0
0	0	12	0	0	0	0
0	0	12	0	0	0	0
0	0	6	12	12	12	12
0	0	0	0	0	0	0
0	0	0	0	0	0	0

（b）Roberts 算子

0	0	24	24	0	0	0
0	0	24	24	0	0	0
0	0	24	24	0	0	0
0	0	24	36	24	24	24
0	0	12	24	24	24	24
0	0	0	0	0	0	0
0	0	0	0	0	0	0

（c）Sobel 算子

图 8-7　Roberts 和 Sobel 梯度计算结果比较

图 8-7 的（b）和（c）显示了两种算法的差异，图 8-7（b）中提取的边界是边缘处的某一边；图 8-7（c）则提取了边缘处的双边，即两个像素的宽度。具体锐化效果见图 8-8。因此，在处理一个或两个像素宽度的线性目标时，可以根据具体情况选择方法。

（a）原始图像　　　　　　（b）Roberts 算子　　　　　　（c）Sobel 算子

图 8-8　数字图像的 Roberts 与 Sobel 锐化效果的比较

8.3.5　Laplacian 算子

比较上述梯度法，可知这些梯度法尽管所使用的模板不同，但本质都是线性一阶微分算子。下面介绍拉普拉斯算子。Laplacian 算子是线性二阶微分算子，即

$$\nabla^2 f = \frac{\partial^2 f}{\partial x^2} + \frac{\partial^2 f}{\partial y^2}。$$

对于离散的数字图像，二阶导数可以用二阶差分近似计算，Laplacian 算子的表达式为：

$$\nabla^2 f(x,y) = f(x+1,y) + f(x-1,y) + f(x,y+1) + f(x,y-1) - 4f(x,y)$$

使用模板来表示，拉普拉斯算子相当于取某像素的上下左右 4 个相邻像素的值相加的和再减去该像素的 4 倍，作为该像素新的灰度值。

相应的模板可表示为

0	1	0
1	-4	1
0	1	0

下面看看拉普拉斯算子的物理意义。想一想，梯度运算检测的是图像的空间灰度变化率，因此，图像上只要有灰度变化就有变化率，没有灰度变化，其变化率就为 0。但 Laplacian 算子检测的是变化率的变化率，即二阶微分。在图像上灰度均匀和变化均匀的部分，根据 Laplacian 算子计算出的值 $\nabla^2 f(x,y)$ 都为 0。因此，它检测

的区域为灰度值发生不均匀变化的区域，或者灰度值突变的部分。

图 8-9（a）是一幅 7×7 的数字图像，图像中存在边界。其左上部分的灰度变化均匀。以 Laplacian 算法对该图像进行锐化提取边缘的结果见图 8-9（b），图像中灰度为常数的下部与变化均匀的左上部值均为 0。在锐化结果中出现了负值，表示灰度值发生了增大趋势。但在计算机存储中，图像的灰度值不能为负数，因此解决的办法，就是对所有值加上一个正常数。

另外一种处理办法是用原图像的值减去 Laplacian 算法的计算结果的整数倍，即

$$g(x, y) = f(x, y) - k\nabla^2 f(x, y)$$

上式中：k 为正整数；$f(x, y)$ 为原图像；$\nabla^2 f(x, y)$ 为 Laplacian 计算结果；$g(x, y)$ 为最后计算结果。图 8-9（c）是当 $k=1$ 时的计算结果，相当于图像（a）减去图像（b）的结果。这样的处理结果既保留了原图像作为背景，又扩大了边缘处的对比度，锐化效果更好一些。

在使用中要注意的是，某些软件使用的模板的符号与上面的相反，需要用户仔细研究一番。除了上述算法外，Laplacian 方法还有一些其他的算法，这里不详细介绍。

8	9	10	11	12	12	12
8	9	10	11	12	12	12
8	9	10	11	12	12	12
8	9	10	11	12	12	12
8	8	8	8	8	8	8
8	8	8	8	8	8	8
8	8	8	8	8	8	8

（a）原图像

0	0	0	0	-1	0	0
0	0	0	0	-1	0	0
0	0	0	0	-1	0	0
-1	-1	-2	-3	-5	-4	-4
1	1	2	3	4	4	4
0	0	0	0	0	0	0
0	0	0	0	0	0	0

（b）拉普拉斯梯度图像

8	9	10	11	13	12	12
8	8	10	11	13	12	12
8	9	10	11	13	12	12
9	10	12	14	17	16	16
7	8	6	5	4	4	4
8	8	8	8	8	8	8
8	8	8	8	8	8	8

（c）锐化结果

图 8-9　Laplacian 算法

另外，与其他梯度算子不同，拉普拉斯算子是各向同性的。拉普拉斯锐化效果容易受图像中的噪声的影响。因此，在实际应用中，经常先进行平滑滤波，然后才进行拉普拉斯锐化。考虑到各向同性的性质和平滑的特点，常选择高斯函数作为平滑滤波函数，即先进行高斯低通滤波。同时窗口大小的选择对拉普拉斯锐化也有明显的影响。因此，选择合适的窗口大小，并综合应用不同的处理方法，才能得到较好的锐化效果。

8.4　代数运算

对于多波段遥感图像和经过空间配准的两幅或多幅单波段遥感图像，还可以通过代数运算来突出特定的地物信息，从而达到某种增强目的。

代数运算是根据地物本身在不同波段的灰度差异，通过不同波段之间做简单的代数运算产生新的"波段"，达到突出感兴趣的地物信息、压抑不感兴趣的地物信息的图像增强方法。进行代数运算后数值范围可能超过了显示设备的范围。因此，在显示的时候往往还需要进行灰度拉伸。

代数运算按照像素进行，因此，相关图像数据的空间坐标必须完全相同。参与运算的数据，可以是图像波段、常数（至少一个是波段）或图像文件。如果是图像文件，那么，图像文件中的波段数目和顺序必须相同。

1. 加法运算

基本公式为：

$$B=B_1+B_2$$

加法运算主要用于对同一区域不同时段的图像求和，或者同一区域不同波段的求和。进行加法运算的图像的成像日期不应相差太大。图像的加法运算，其数学意义是求两波段之和，其物理意义不明显。

2. 差值运算

基本公式为：

$$B=B_1-B_2$$

差值运算提供了不同波段或不同时期同一波段间的差异信息。在动态监测、运动目标检测与跟踪、图像背景消除、不同图像处理效果的比较及目标识别等工作中应用较多。

差值运算后的图像反映了同一地物在这两个波段上的差异。地物反射率在不同的波段上的特征不同，差值运算后图像上差异大的地物得到突出，从而容易识别出来。例如，健康的植被在 650 nm 附近有一个明显的吸收谷，反射率很低；在 700~800 nm 处是一个陡坡，反射率急剧上升；在 800~1 300 nm 形成一个高的、反射率可达 40%或更大的反射峰，这种反射光谱曲线是含有叶绿素的植物的共同特点。

红外波段的植被与浅色土壤、红波段的植被与深色土壤及水体反射率接近，无法分开。当用红外波段减红波段时，由于植被在这两个波段的反射率差异很大，相减后植被具有很高的差值；而土壤和水体在这两个波段的反射率差异很小，差值很小。因此在差值图像中，植被信息得到突出，这样很容易确定植被的分布区域。

差值运算还可以监测同一区域在一段时间内的动态变化。例如，用森林火灾发生前后的图像作差值运算，在差值图像上，火灾地区由于变化明显而能高亮显示，其他地区则变化不大，因而过火区域得到了突出，据此可以精确计算过火面积。差值运算还可以监测洪水灾情变化，监测河口、河岸的泥沙淤积及河湖、海岸污染，监测城市扩展等。

3. 乘法运算

基本公式为：

$$B=B_1 \times B_2$$

乘法运算可用来遮去图像的某些部分。例如，先设定一个二值图像 f_1，该图像上需要被完整保留下来的区域的像素值设定为 1，而被抑制掉的区域的像素值设定为 0。以 f_1 作为模板，去乘图像 f_2，此时就可抹去图像 f_2 的相应部分。这个操作在图像处理中被称为掩模运算。

4. 除法（比值）运算

基本公式为：

$$B=B_1/B_2$$

比值运算是两个不同波段的图像对应像素的灰度值相除（除数不能为 0），这是遥感图像处理中常用的方法。比值运算可以降低传感器灵敏度随空间变化造成的影响，增强图像中特定的区域，降低地形导致的阴影影响，突出季节差异。

作为比值运算的分母，可以是其他的图像波段，也可以是当前波段中的某个常数，例如最大值、最小值、最大值与最小值之差、平均值、方差等。

在比值图像上，像素亮度反映了光谱比值的差异。因此，这种算法对于增强和区分在不同波段差异较大的地物有明显效果。例如，在地质探测中，地质学家常用 TM 的某种组合解译矿石类型：B_3/B_1 突出铁氧化物；B_5/B_7 突出黏土矿物；B_5/B_4 突出铁矿石；B_5/B_6 突出大片白陶土蚀变区域；B_4/B_3 突出植被信息；B_5/B_2 分离陆地和水体。

由于地形起伏及太阳斜射等因素的影响，不同的地形部位，如阳坡和阴坡的辐射量有很大的不同。一般地，阴坡的太阳辐射低，会形成阴影。在山区，阴影的面积很大，会造成同一地物在不同地形部位的电磁波辐射有很大的差异。这种差异，在图像上即为同物异谱现象。比值运算能去除地形坡度和坡向引起的辐射量变化，在一定程度上消除同物异谱现象，是图像自动分类前常采用的预处理方法之一。

5. 混合运算

混合运算就是对两个波段或者两个以上的波段进行加减乘除的运算。很多指数都是混合运算的结果，例如归一化指数。遥感学中常用的归一化植被指数就是一种。

归一化指数基本公式为：

$$B=(B_1-B_2)/(B_1+B_2)$$

在该运算中，如果分母中的波段 B_2 的值比较小，那么，直接使用比值法 B_1/B_2，结果将会夸大。但是使用归一化指数，就可以避免这个问题。

6. 植被指数

代数运算的典型应用是各种植被指数。根据地物光谱反射率的差异作比值运算可以突出图像中植被的特征、提取植被类别或估算绿色生物量，能够提取植被信息的算法称为植被指数（vegetation index, VI）。

绿色植物叶子的细胞结构在近红外具有高反射，其叶绿素对红光波段具有强吸收作用。因此，在多波段图像中，用红外红波段图像作比值运算后结果图像上植被区域具有高亮度值，甚至在绿色生物量很高时达到饱和。下面介绍一些常用的植被指数。

（1）RVI 比值植被指数（Ratio Vegetation Index, RVI）。

$$RVI = \frac{IR}{R} \quad (IR \text{ 为近红外波段，} R \text{ 为红波段})$$

（2）NVI 归一化植被指数（Normalized Vegetation Index, NVI）。

$$RVI = \frac{P777 - P747}{P673} \quad (P777 \text{ 表示在波长为 777 nm 的波段，} \cdots)$$

（3）DVI 差值植被指数（Difference Vegetation Index, DVI）。

$$DVI=IR-R$$

（4）NDVI 归一化差值植被指数（Normalized Difference Vegetation Index, NDVI）。

$$NDVI = \frac{IR - R}{IR + R}$$

（5）PVI 正交植被指数（Perpendicular Vegetation Index, PVI）。

PVI=1.6225(IR)-2.2978(R)+11.0656（适用于 NOAA 卫星）

PVI=0.939(IR)-0.344(R)+0.09（适用于 Landsat 卫星）

植被指数的应用极为广泛。例如，利用植被指数可监测某区域农作物长势，并在此基础上建立农作物估产模型，从而进行大面积的农作物估产。

第9章 微波（雷达）遥感

雷达，是英文 Radar 的音译，源于 radio detection and ranging 的缩写，意思为"无线电探测和测距"，即用无线电的方法发现目标并测定它们的空间位置。因此，雷达也被称为"无线电定位"。雷达发射的波长主要在电磁波微波波段（0.1~100cm 范围），因此雷达遥感又被称为微波遥感。

9.1 雷达遥感与侧视雷达

雷达遥感与可见光遥感不同，属于主动式遥感。在成像时，雷达本身需要发射一定波长和功率的电磁波波束，然后接收该波束被目标反射与散射返回的信号，由此获得目标至电磁波发射点的距离、距离变化率（径向速度）、方位、高度等信息。返回信号的强度取决于目标的特性，从而达到探测目标的目的。

侧视雷达使用的也是微波波段的电磁波，大气对它的影响极小，可以全天候取得地面的雷达影像；侧视雷达图像的地面分辨率与平台高度无关，因此侧视雷达遥感器的使用越来越广泛。

用于成像的侧视雷达有真实孔径雷达（RAR, Real Aperture Radar）和合成孔径雷达（SAR, Synthetic Aperture Radar）两种。由于真实孔径雷达的分辨率较低，目前已不再作为成像雷达使用。现在的侧视雷达一般指视野方向与飞行器前进方向垂直，用来探测飞行器两侧地带的合成孔径雷达。早期使用真实孔径雷达探测目标，它借助加大天线孔径和发射窄脉冲的办法来提高雷达图像分辨率。20 世纪 60 年代后，采用合成孔径技术，使雷达探测分辨率提高几十倍至几百倍。现代侧视雷达在 10 km 高度上的地面分辨率已达到 1 m 以内，相当于航空摄影水平。而星载雷达，即使在离地面高度 800 km 的高空中，其分辨率也可达 25 m。

9.1.1 侧视雷达的一般结构

飞行器上的侧视雷达，一般由脉冲发射机、接收机、发射接收转换开关、天线、数据存储和处理装置组成。脉冲发射机产生脉冲信号，由转换开关控制，经天线向观测地区发射。地物反射脉冲信号，也由转换开关控制进入接收机。接收的信号在显示器上显示或记录在磁盘中。

雷达接收到的回波信号中，含有多种信息，包括雷达到目标的距离、方位、雷达与目标的相对速度（即作相对运动时产生的多普勒频移）、目标的反射特性等。

雷达信号在空间传播是以光速前进的，当雷达在时刻 t_1 发射出一个脉冲信号，被目标反射后，在 t_2 时刻返回，此时可以计算出目标地物的距离：

$$L = \frac{t_2 - t_1}{2} \times c$$

式中：L 为雷达到目标的距离；c 为电磁波传播速度。

雷达常用的波段有 L、S、C、X、K、Ka、Ku、W 等波段。其对应的频率不同。最早用于搜索雷达的电磁波波长为 23 cm，这一波段被定义为 L 波段（英语 Long 的字头），后来这一波段的中心波长度变为 22 cm。当波长为 10 cm 的电磁波被使用后，其波段被定义为 S 波段（英语 Short 的字头，意为比原有波长短的电磁波）。

在主要使用 3 cm 电磁波的火控雷达出现后，3 cm 波长的电磁波被称为 X 波段，因为 X 代表坐标上的某点。

为了结合 X 波段和 S 波段的优点，逐渐出现了使用中心波长为 5 cm 的雷达，该波段被称为 C 波段（C 即 Compromise，英语"结合"一词的字头）。

在英国人之后，德国人也开始独立开发自己的雷达，他们选择 1.5cm 作为自己雷达的中心波长。这一波长的电磁波就被称为 K 波段（K = Kurz，德语中"短"的字头）。

不幸的是，1.5 cm 的波长可以被水蒸气强烈吸收。结果这一波段的雷达不能在雨中和有雾的天气使用。第二次世界大战后设计的雷达为了避免这一吸收峰，通常使用频率略高于 K 波段的 Ka 波段（Ka，即英语 K – above 的缩写，意为在 K 波段之上）和略低（Ku，即英语 K-under 的缩写，意为在 K 波段之下）的波段。

表 9-1 列出了雷达遥感中常用的几个波段及其频率。

表 9-1　成像雷达常用的几个波段

波段名称	频率/GHz	测量对象
L	1~2	波浪
S	3~4	地质
C	4~8	土壤水分
X	8~12	降雨
Ku	12~18	风、冰、大地水准面
K	18~27	植被
Ka	27~40	雪
W	约 75	云

9.1.2 真实孔径侧视雷达

真实孔径侧视雷达的工作原理如图 9-1 所示。此时，天线装在飞机或卫星的侧面，雷达发射天线向平台行进方向（方位方向）的侧向（距离方向）发射一束宽度很窄的脉冲波束，然后接收目标地物反射回来的后向散射波，进而从接收的信号中获取地表的图像。由于地面各点到平台的距离不同，地物后向反射信号被天线接收的时间也不同，依它们到达接收天线的先后顺序记录。距离近者先记录，距离远者后记录，这样根据后向反射电磁波返回的时间排列就可以实现距离方向扫描。通过平台的前进，扫描面在地面上移动，进而实现方位方向上的扫描。

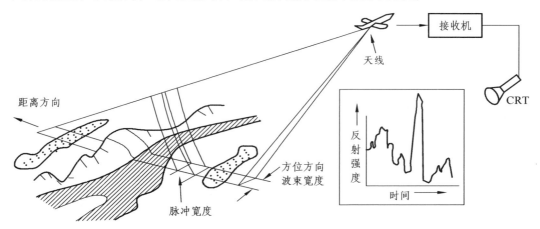

图 9-1　真实孔径雷达的工作原理

真实孔径雷达在距离方向和方位方向的地面分辨率是不同的。距离分辨率（记为 ΔR）是在距离方向上能分辨的最小目标的尺寸。它可表示为

$$\Delta R = \frac{\tau c}{2\cos\theta}$$

式中：τ 为脉冲宽度（μs）；c 为光速；θ 为雷达波的侧视角，也称俯角，如图 9-2 所示。这就是说，俯角越大，ΔR 数值就越大，距离分辨率就越低。

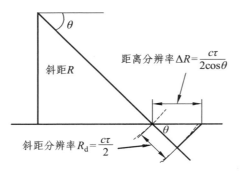

图 9-2　距离分辨率

从上述公式还可以看出：脉冲的持续时间（脉冲宽度）越短，距离分辨率越高。若要提高距离分辨率，需减小脉冲宽度。但脉冲宽度过小会使雷达发射功率下降，回波信号的信噪比降低。由于两者矛盾，距离分辨率难以提高。为了解决这一矛盾，一般采用脉冲压缩技术来提高距离分辨率。

脉冲压缩技术是指利用线性调频调制技术将较宽的脉冲调制成振幅较大、宽度较窄的脉冲技术。如图 9-3 所示，若原脉冲的宽度为 τ、振幅为 A_0，经线性调频调制后，将它用天线发射并接收目标后向散射的电磁波，对接收的信号用与发射时具有相反频率特性的匹配滤波器处理后，就相当于用较窄脉冲宽度的发射电磁波得到了振幅是原来 $\sqrt{\tau \Delta f}$ 倍，脉冲宽度为原来 $\dfrac{1}{\tau \Delta f}$ 倍的输出波形。这种提高距离分辨率的方法，目前在合成孔径雷达中广泛应用。

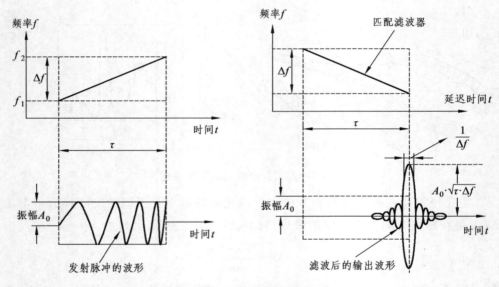

图 9-3　脉冲压缩原理

方位分辨率 ΔL 是在方位方向上能分辨的最小目标的尺寸。它可表示为

$$\Delta L = \beta R = \frac{\lambda}{D} R$$

式中：β 为波瓣角；D 为雷达天线的孔径；R 为雷达天线到地面目标的距离。波瓣角如图 9-4 所示。一般来说，雷达发射的微波向四面八方辐射，呈花瓣状，称波瓣。同时会以一个方向为主，称为主瓣，其他方向辐射较小，形成副瓣（图 9-4）。要使雷达的方向性精确就尽量使波瓣角 β 最小。而波瓣角 β 与雷达发射的微波波长 λ 成正比，与雷达的天线孔径 D 成反比。因此，微波波长 λ 越短，雷达天线孔径 D 越大、

距离目标越近，则方位分辨力就越高。

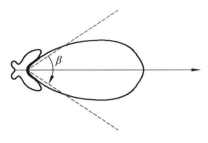

图 9-4　雷达的波瓣角

这种以实际孔径天线进行工作的侧视雷达，称为真实孔径侧视雷达。要提高这种雷达的方位分辨力，就只能加大天线孔径、缩短探测距离和减小工作波长。但直接实现这些要求在技术上有一定的困难。例如，如图 9-5 所示，要想提高方位分辨力 10 倍，在保持波长、距离不变的情况下，天线的孔径就要增大 10 倍，由 5 m 变为 50 m。这么长的天线，无论对机载或者星载，都是累赘。

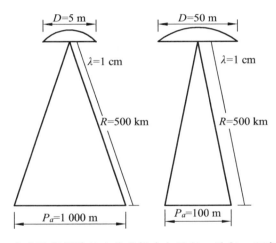

图 9-5　真实孔径雷达的方位分辨力与孔径、波长、距离的关系

为了解决上述问题，除了采用脉冲压缩技术，以缩短发射波长外，还有一种办法，就是使用合成孔径雷达代替真实孔径雷达。

9.1.3　合成孔径（侧视）雷达

合成孔径侧视雷达的特点是：在距离方向上采用脉冲压缩来提高分辨率，在方位方向上通过合成孔径原理来提高分辨率。

简单地说，合成孔径雷达就是利用遥感平台的前进运动，用一个小孔径的天线代替大孔径的天线，以提高方位分辨力。

合成孔径雷达的基本思想是对在平台前进方向的不同位置上所接收的包含相位信息的信号进行记录与处理，得到比采用实际天线更长的假设天线进行观测的同样结果，如图 9-6。

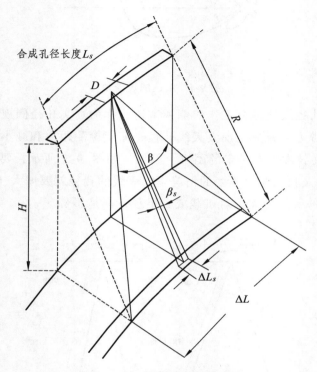

图 9-6　合成孔径雷达的原理

在合成孔径雷达中，来自地表目标的反射脉冲在波束能照射到的时间内都会不断地被接收，随着平台的前进，平台和目标的相对位置关系会发生变化，在不同时刻和位置接收到相同地面目标信号的频率会发生变化，即出现多普勒频移效应。

频率偏移对于时间而言是线性的，如图 9-7 所示，对于目标 A，天线在与它不同的相对位置上，随着时间的增加，依次接收的信号频率降低。所以反射脉冲可以解释成是经过线性调频调制处理而得到的。因此，将在不同位置接收的 A 目标的信号，通过频率偏移具有逆特性的匹配滤波器滤波调制，就得 A 目标的唯一像点。通过调制处理，改善了方位方向上的分辨率，这种处理也叫方位压缩。

首先，利用合成孔径技术，则其方位分辨力为 $\Delta L_s = \beta_s \times R$。

其次，合成后的天线长度为 L_s，等于真实孔径长度的天线能够照射到的范围，$L_s = \beta \times R$。

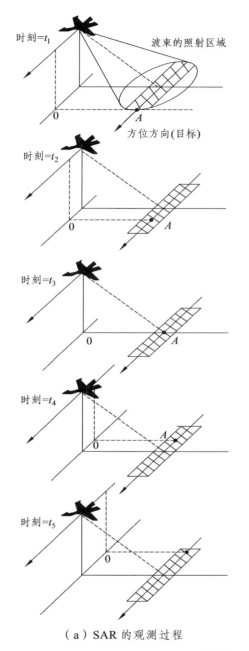

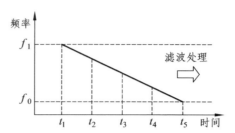

（b）SAR 接收信号的频率随时间变化
（多普勒效应）

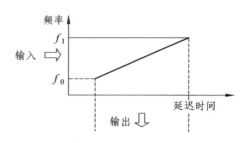

（c）匹配滤波器的特性（频率、延迟时间特性）

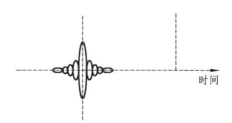

（d）A 点信号经匹配滤波器后的结果
（方位方向压缩）

（a）SAR 的观测过程

图 9-7　利用多普勒效应的合成孔径雷达的成像原理

最后，合成的波瓣角 $\beta_s = \lambda / 2L_s$。

根据上面三个式子，可以得到：

$$\Delta L_s = \beta_s R = \frac{\lambda}{2L_s} R = \frac{\lambda R}{2\beta R} = \frac{\lambda}{2\beta} = \frac{D}{2}$$

上式表明：合成孔径雷达的方位分辨力与距离无关，仅仅与雷达天线的孔径有关，且天线越短（D 越小），ΔL_s 越小，分辨力越高。例如天线孔径 10 m，波长 5 cm，距离为 500 km，真实孔径雷达的方位分辨力为 2.5 km，但对于合成孔径雷达，其方位分辨力为 5 m，分辨力提高了 500 倍。

多普勒（Doppler ·Christian ·Andreas，1803 年 11 月 29 日—1853 年 3 月 17 日），奥地利物理学家、数学家和天文学家，生于奥地利的萨尔茨堡，1842 年，他因文章 *On the Colored Light of Double Stars*、《多普勒效应》（*Doppler Effect*）而闻名于世，1853 年与世长辞。

你可能听过"多普勒效应"，却未必知道多普勒本人是个多么"令人发指"的天才。22 岁时，他花了短短 4 年，学了拉丁语、法语、意大利语、英语，还有哲学和会计。平时在大学教数学、物理，闲了再写写文章作作诗，一切顺风顺水。直到找工作时——他竟然被拒了，而且是多次被拒！

1845 年，荷兰一条刚竣工两年的铁路旁，出现了一拨号手。其中一名号手在火车头里，其余的人分布在站台上。火车一边经过，他们一边演奏。如此热闹的场景，实际上是荷兰科学家 Buys Ballot 在做实验，因为他对于 3 年前横空出世的多普勒效应表示不服！实验结果则是：火车接近号手的时候，车上人听到的号声会高半个调；远离乐队时，又低了半个调。他大费周章从政府那里借来了火车头，甚至亲自坐进了火车头里听声音，试图推翻这个所谓的多普勒效应。结果不出意外，Buys Ballot 亲自体验并证实了多普勒效应确实存在……

所谓多普勒效应，指的是如果信号源和接受者之间有相对运动，那么接收端接收到的信号频率将发生变化。相向运动则频率增加，反向运动则频率降低。我们每次听到救护车/警车呼啸而过的"呜啊呜啊"声，都有多普勒效应在起作用。

公路上的测速雷达，医学上的彩超用的都是这个原理。在宇宙学研究中，多普勒效应也大放异彩，研究遥远天体的运动不再是不可能的事情。它甚至还引出了颠覆人们世界观的理论：著名的"宇宙大爆炸理论"——星系都在互相远离，宇宙处于不断膨胀的状态。

虽然多普勒效应有着极大的知名度，但多普勒本人的经历却鲜有人知道，他的大半生都是在被拒绝中度过的，向多个大学不同时间多次申请教职，多次被拒，有一次还不得不委身一家棉纺工厂当会计。更为可笑的是，多普勒提出多普勒效应的当天，会场下面只有 6 名观众，其中一名还是记录员。

1822 年，多普勒被送到帝国皇家理工学院（即如今的维也纳科技大学）学习数学、力学、物理。多普勒出生于一座极具人文艺术气息的城市——萨尔茨堡。欧洲最伟大的古典主义音乐家之一莫扎特就是出生于此。

想象一下船只在河流中航行的场景：和顺流的船相比，逆行的船会被浪打更多次。既然这个结论在水波里是成立的，那么为什么不试着把它套用到其他的波上呢？当年多普勒就是在论文中使用了这样形象的类比，从光的波动理论开始入手。1842 年，多普勒在皇家科学学会的自然科学会议上，公布了自己的著作《关于双星还有天上其他星体的色光问题》。文中提出了"多普勒效应"。随后，他名扬天下。

"多普勒理论"并不是靠实验观测得出的，他只做了理论工作。100 多年前 James Bradley 的光行差畸变理论给了他很大的启发。Bradley 把视差解释为由于地球上观测者的运动造成的，他在论文中也多次引用。多普勒效应应用极其广泛，最真实的笑话是：利用多普勒效应你可以用来闯红灯，只要你的车开得足够快，红灯在你眼里就是绿灯！速度要多快呢？大概也就是光速的十分之一吧……

多普勒是一位严谨的老师。他曾经被学生投诉考试过于严厉而被学校调查。1850 年，他获任维也纳大学物理学院的第一任院长。1853 年，多普勒死于肺病。

9.2 合成孔径侧视雷达的数字成像处理

SAR 收集从天线发射出的宽幅脉冲信号到达地表后的后向散射信号以时间序列记录下来的数据，如图 9-8 所示。这些原始信号如果不进行重建，是看不出图像特征的。SAR 的原始数据必须经过处理，才能变成如图 9-9 所示的通常意义上的图像。在原始数据中，来自地表某一点 P 的后向散射信号被拉长记录到仅相当于脉冲宽度的距离之上。此外随着平台的移动，在微波波束穿过 P 点期间的不同摄站上都可以接收到 P 的后向散射信号，所以其反射信号在方位方向上也被拉长记录下来了。

图 9-8　SAR 的原始数据

图 9-9　SAR 重建图像

通过距离压缩和方位压缩可以把距高方向和方位方向上分布记录的地面上一点的接收信号压缩到一点上。为了进行压缩，一般先求出接收信号与参考函数的互相关。距离压缩时的参考函数是与发射信号复共轭的信号，方位压缩时的参考函数是与多普勒效应引起的线性调频信号的复共轭信号。为了提高处理速度，接收信号与参考函数互相关的计算通常在频率域中进行。随着平台的移动，地面上一点到雷达天线的距离是以时间为自变量的二次函数，这样雷达在不同时刻和位置接收到的同一地面目标的信号不是在一条直线上，这种现象称为距离迁移（Range Migration）。由于距离迁移的影响，在与方位方向有关的二次曲线上分布记录了地面上一点的信号，把这些信号纠正到一条直线上的处理过程称之为距离单元迁移纠正（Range Cell Migration Correction）。图 9-10 和图 9-11 给出了 SAR 数据成像处理的流程和这一处理过程的示意图。

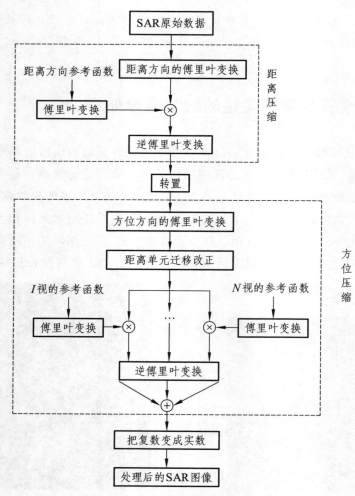

图 9-10　SAR 数据成像处理的流程

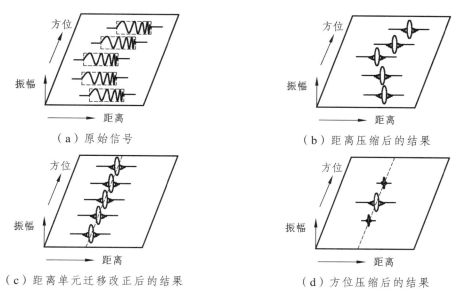

（a）原始信号　　　　　　　　　　　　　（b）距离压缩后的结果

（c）距离单元迁移改正后的结果　　　　　　（d）方位压缩后的结果

图 9-11　SAR 数据成像处理过程的示意图

在 SAR 图像上，每个像元的灰度值基本服从指数分布，每个像元点都有一个灰度的随机涨落性，结果出现了颗粒状的光斑（Speckle）噪声，因此消除图像上这些光斑噪声成为 SAR 数据成像处理的另一项主要内容。通常是将合成孔径分为若干个子孔径，在每个子孔径内分别进行方位压缩，再将多个子孔径的处理结果求和平均，就可以消除或减少光斑噪声。遗憾的是这样做的同时却降低了方位分辨力。这种处理方法称为多视处理，子孔径的数目称为视数，多视处理一般在频率域内进行。

9.3　干涉合成孔径雷达（INSAR）的基本原理

在 INSAR 技术之前，构建地面的 DEM 数据一般通过测量进行，这样工作量巨大，费时费力。如何快速得到地面的三维信息呢？利用干涉合成孔径雷达数据的相位信息就可以快速提取地面的三维信息。这是 INSAR 技术的一个重要应用，在近十几年中得到了迅速的发展。同时，INSAR 还应用于测量地面的高程和监测变形。

INSAR 的原理是利用两幅相同地区、不同视角下的 SAR 影像，产生干涉的 SAR 影像，进而得到该地区的干涉相位，获得该地区的三维信息。

INSAR 数据获取方法有两种：一种是在同一次飞行中，使用两个相隔一定距高的天线同时接收地面的回波；另外一种是多次对同一地区进行 SAR 成像。在机载 SAR 系统中多采用第一种方法获得 INSAR 数据，而后者是目前星载 SAR 中获取 INSAR 数据的唯一方法。由于 INSAR 数据获取方法有两种，因而 INSAR 的名称有两种解释，即干涉合成孔径雷达（Interferometric Synthetic Aperture Radar）和合成孔径雷达干涉测量（Synthetic Aperture Radar Interferometry）。

干涉合成孔径雷达是指双天线的合成孔径雷达，它是在 SAR 系统中安装两部间隔固定的天线，一部天线发射并接收信号，另一部天线只接收信号。两部天线接收的信号采用相同的多普勒中心频率滤波成像。由于两部天线所接收的是同一地区反射回来的后向散射回波，但它们到达天线的距离不同，即所接收的回波信号相位不同，因而可以通过干涉获得干涉相位（相位差）。由于干涉相位与 SAR 系统的波长、两天线的位置、入射角、地面高度有密切的关系，而 SAR 系统的波长、两天线的位置、入射角是已知的，所以在得到干涉相位后就可以复原地面的高程信息。

与干涉合成孔径雷达不同，利用重复飞行的方法进行 INSAR 数据获取和地面三维信息提取的方法一般称作合成孔径雷达干涉测量。它们在原理和目的上都相同，只是数据获取和处理的方法有所区别。

在双天线的情况下，两部天线平行于飞行方向获取地面的影像并进行干涉处理的过程称为顺迹干涉（Along Trace Interferometry）。两部天线垂直于飞行方向获取地面的影像并进行干涉处理的过程称为横迹干涉（Across Trace Iterferometry）。前者只能测定水平距离，而后者才能获得地面的三维信息。在采用重复轨道干涉（Repeat pass Interferometry）的情况下，获取两幅图像的时间上有所差异，为避免由于时间差异引起不良效果，一般要求时间间隔尽量短，基线长一般不超过 1km。

9.3.1　重复轨道干涉测量的原理与计算公式

下面讲述重复轨道干涉测量的原理与计算公式。如图 9-12 所示，假设 A_1、A_2 是卫星两次对同一地区成像的位置，A_1 位置的轨道高度为 H，两个摄站之间的基线长为 B，基线的水平角为 α，入射角为 θ，则地面目标 Z_1 的高程 h 为：

$$h = H - R_1 \cos\theta$$

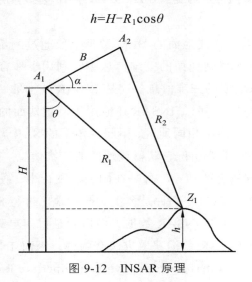

图 9-12　INSAR 原理

另一方面，根据余弦定理，并化简得：

$$R_2^2 = R_1^2 + B^2 + 2R_1 B \sin(\theta - \alpha)$$

令 $\Delta R = R_2 - R_1$，可得

$$R_1 = \frac{(\Delta R)^2 - B^2}{2B\sin(\theta - \alpha) - 2\Delta R}$$

干涉相位是指目标在 A_1 和 A_2 处接收的回波的相位差 $\Delta \varphi$，而相位差 $\Delta \varphi$ 与距离差 ΔR 的关系是：$\Delta \varphi = \dfrac{2\pi \Delta R}{\lambda}$；考虑到雷达所接收的回波信号是经过发射和返回路程的信号，此时有 $\Delta \varphi = \dfrac{4\pi \Delta R}{\lambda}$，于是就有：

$$h = H - \frac{\left(\dfrac{\lambda \Delta \varphi}{4\pi}\right)^2 - B^2}{2B\sin(\theta - \alpha) - \dfrac{\lambda \Delta \varphi}{2\pi}}\cos\theta$$

上式表明：地面的高程可以通过干涉相位、波长、入射角、天线位置求出。这就是 INSAR 能够从干涉相位中得到地面高程的原理。

9.3.2　INSAR 数据相干成像处理的基本过程

根据 INSAR 的基本原理，INSAR 数据相干成像处理的基本过程如图 9-13 所示，其关键步骤可概括为精确匹配、相位解模糊、轨道参数求解、平地效应消除、高度计算等。

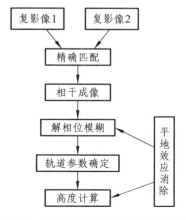

图 9-13　INSAR 数据处理的基本过程

1. 像点精确匹配

为了求取地面点的高度信息，必须先要确定地面点的干涉相位信息。所取的两幅 SAR 图像一般在不同时刻、不同的轨道所获取。它们虽然是对同一地区成像，但是由于其成像时 SAR 系统的位置不同、微波入射角不同，两幅图像相对应的像点并不是地面的同一目标点。因而，只有先对不同轨道的 SAR 图像进行精确匹配后，才能得到地面点的干涉相位信息。从匹配的角度来说，两幅图像的匹配精度应当达到子像元级别。否则，所得到的干涉相位不能保证是同一地面点，从而影响地面的高度准确性。

2. 相位解模糊

经匹配后的两幅 SAR 图像进行相干，得到我们所需的干涉相位。但是，我们所取得的干涉相位并不是其真实值 φ，而是其主值 φ_m。它们之间的关系是：$\varphi = \varphi_m + 2k\pi$，而 φ_m 的取值值范围为 $[-\pi, \pi]$。由于 k 的不确定，这就是相位模糊问题。为了获取地面高度信息，我们必须先获得干涉相位的真实值，求出 k。这个过程称为相位解模糊过程。

3. 轨道参数求解

从 INSAR 原理中，我们知道两天线的相隔距离（基线长）B 和天线的连线与水平线的夹角 α，都是求取地面高程的不可缺少的参数。为了获取 B 和 α，必须要知道 SAR 成像时卫星的位置，即通常所说的轨道参数。轨道参数的确定，可以通过星历表参数来估算，但它精度不高。我们采用的是通过一定数量的地面已知点（控制点）。根据其成像原理，来解算成像时的轨道参数。

4. 平地效应消除

平地效应是高度不变的平地在干涉条纹图中所表现出来的随距离方向和方位方向的变化而呈现周期性变化的现象。干涉条纹图像中有严重的平地效应，在相位解模糊前需要进行平地效应的消除，以便顺利求解相位模糊；并且对于某些高程解算的方法，也要求平地效应消除工作。因此，平地效应消除步骤在 INSAR 数据处理中有非常重要的作用。

对于平地效应消除的方法，一般是通过估计距离方向和方位方向的条纹频率来作相应的补偿。对于平行轨道的重复轨道干涉，可以只作距离方向的平地效应消除。平地效应在频谱中表现出一个很强的峰值，通过在干涉图中沿距离方向减去其峰值所对应的频率，即可对距离方向的平地效应进行消除。

5. 高度计算

在获得干涉相位的真实值和轨道参数后，就能解算出成像区地面点的高度，最后可以形成数字高程模型（DEM），或者进行高程的变形检测等应用。

9.4 侧视雷达图像的特征

侧视雷达在记录地面目标的影像位置时是按其回波的到达时间顺序记录在相应位置上的，即依照目标与天线之间的距离大小按顺序记录，所以雷达图像是地面的距离投影。地物在雷达图像上的影像色调取决于它对微波的散射特性，地物与其影像的色调关系并不完全一致。下面介绍雷达图像的有关几何特性及物理特性。

9.4.1 侧视雷达图像的几何特性

1. 侧视雷达图像的投影方式

侧视雷达构成影像的几何形态是按地面点到天线中心的斜距进行投影的。如图9-14 所示，地面上两个目标 A、B，对应像点为 a、b。由于 A 与 B 相距很近，可认为 $\angle ACB$ 为直角，则地面距离 R_g 与其在电磁波传播方向的距离 R_s 之间的关系为：

$$R_s = R_g \sin\theta$$

上述公式表明，斜距 R_s 比地面距离 R_g 要小；而且同样大小的地面目标，离天线正下方越近，在像片上的尺寸越小。

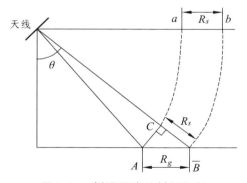

图 9-14　侧视雷达的斜距投影

2. 雷达图像的比例尺

雷达图像是地面的斜距投影，当成像姿态标准时，图像在距离方向上的比例尺主要与侧视角有关。从图 9-14 可以看出：在斜距投影方式的雷达图像上，距离方向上比例尺是变化的。随着侧视角的增大，图像比例尺变大，所以在图像上有近地点被压缩、远地点被拉长的感觉，如图 9-15 所示。在飞行方向上的比例尺是固定的，它取决于平台飞行的速度和 CCD 记录的速度。

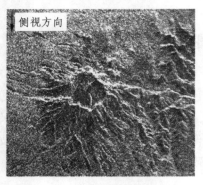

图 9-15　斜距投影图像的几何变形

在记录回波信号时，如果雷达系统中采用延时斜距传播的时差，此时雷达图像显示的是地面距离，在平坦地区以平距显示的雷达图像，图像各处的比例尺都一致。

3. 透视收缩与顶底位移

如图 9-16 所示，当雷达波束照射到位于雷达天线同一侧的斜面时，雷达波束到达斜面顶部的斜距 R_s 和到达底部的斜距 R_s 之差 ΔR 要比斜面对应的地面距离 ΔX 要小。因此在图像上的斜面长度被缩短了，这种现象称为透视收缩。

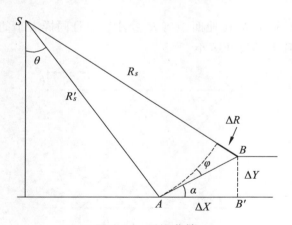

图 9-16　透视收缩

下面计算收缩比 K。在图 9-16 中，

$$K = \frac{\Delta R}{\Delta X} = \frac{\Delta R \times AB}{AB \times \Delta X} = \frac{\sin \varphi}{\cos \alpha} = \frac{\sin(\theta - \alpha)}{\cos \alpha}$$

式中，θ 为侧视角；α 为坡度。当侧视角 θ 大于地面坡度 α 时，会出现透视收缩；而当 $\theta=\alpha$ 时，收缩比为最小值 0。

另外，当雷达波束到斜坡顶部的时间比雷达波束到斜坡底部的时间短的时候，顶部影像被先记录，底部影像被后记录，这种斜坡顶部影像和底部影像被颠倒显示的现象（与中心投影时的点位关系相比较而言）称为顶底位移，如图 9-17 所示。它是透视收缩的进一步发展。从收缩比公式可以看出：当 $0<\alpha$ 时会发生顶底位移现象。同样，对于背向天线的地面斜坡也存在透视收缩，只不过斜面长度看起来被拉长，如图 9-18 所示。当 $\theta+\alpha$ 小于或等于 90° 时会出现背坡的透视收缩。

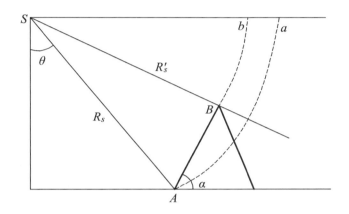

图 9-17　顶底移位

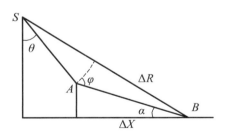

图 9-18　背坡的透视收缩

4. 雷达阴影

在可见光遥感中，遥感像片上阴影的方向取决于太阳的方位。同时阴影的长度取决于地物自身的高度和太阳的高度角。而在侧视雷达像片上，阴影的方向和长短与太阳方位和太阳高度角无关。这是微波遥感影像与可见光遥感影像最大的区别。并且在微波遥感中，在斜坡的背后的地段，当 $\theta+\alpha$ 大于 90° 时，雷达波束不能到达（如图 9-19 中的晕线部分），此时地面上该部分没有回波信号，从而在图像上形成阴影。阴影的影像呈黑色。阴影的长度 L 与地物高度 h 和侧视角 θ 的关系是：

$$h = L\tan\theta$$

  总之，无论顶底位移、透视收缩及阴影都是由于地形起伏所致。图 9-20 表示了不同起伏的地形状态与其影像之间的关系。A 处前坡出现顶底位移，而后坡拉长且能够成像；B 处前坡出现顶底位移，而后坡为雷达盲区，雷达图像上对应位置出现阴影；C 处前坡完全重合为一点，而后坡被阴影遮盖；D 处前坡出现透视收缩，而后坡被阴影遮盖。

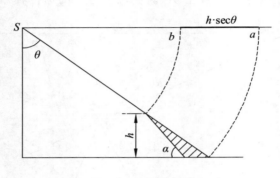

图 9-19　雷达阴影

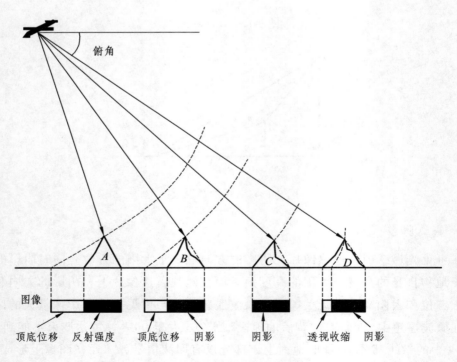

图 9-20　SAR 图像中的地形影响

9.4.2 侧视雷达图像的色调特性

地面目标在雷达图像上的影像色调取决于天线接收到的回波信号的强度。回波信号强，影像色调浅；回波信号弱，则影像色调深。回波信号的强弱主要与雷达发射功率、天线功率增益、雷达波长、目标本身的微波散射特性及极化方式等因素有关。除雷达本身的发射功率及天线特性外，主要有以下因素影响地物在图像上的影像色调。下面逐一进行阐述。

1. 平台高度

平台高度的大小会影响微波在大气中传播路程的长短，从而会影响微波传输的透过率。微波在大气中传播时，会受到大气分子的吸收和散射。大气对微波吸收的主要是氧分子和水蒸气，波长越短，被吸收的越多。大气中粒子引起的散射主要由雾、雨滴引起，且波长越短，散射影响越大。在相同大气条件下，微波的衰减量随距离的增大而增加。所以同一目标，在不同高度上被成像时，其影像色调会发生变化，平台高度越高，其影像色调会相对深一些。

2. 侧视角

侧视角的变化会引起地物影像色调和形状的变化。对大部分反射体来说，入射角的变化会强烈地影响地物反射率的变化。雷达的侧视角小，地物的反射率大，因此同一地物在侧视角小的图像上其影像色调浅。同理，在同一幅图像上相同性质的地物，在星下点处比远离星下点处的色调浅。另外，在相同的地形条件下，侧视角的大小与透视收缩、顶底位移和阴影的发生有直接关系。当侧视角大时，发生上述影像变形的可能性增大。但是随着侧视角的增加，方位方向上的阴影效果被突出了，它会压盖许多地物而造成判读的困难。

3. 雷达波长与目标表面粗糙度

在其他条件相同的情况下，雷达波长不同，其影像的色调也不样。如图 9-21 所示的 4 幅图，它们是同一地区的雷达影像，上面的两幅是 L 波段的图像，下面的两幅是 C 波段的图像，它们的色调明显不同。另外，极化方式不同，影像的色调也不相同。左边的两幅是 HH 图像，右边的两幅是 HV 图像，它们的色调也明显不同。

雷达波长一般从两个方面影响目标的回波功率。第一，按波长去衡量地物表面的有效粗糙度。对同一地物表面粗糙度，波长不同，其有效粗糙度不同，对雷达波束的作用不同。第二，波长不同，复介电常数不同。而复介电常数不同会影响到地物目标的反射能力的大小和电磁波穿透力的大小。

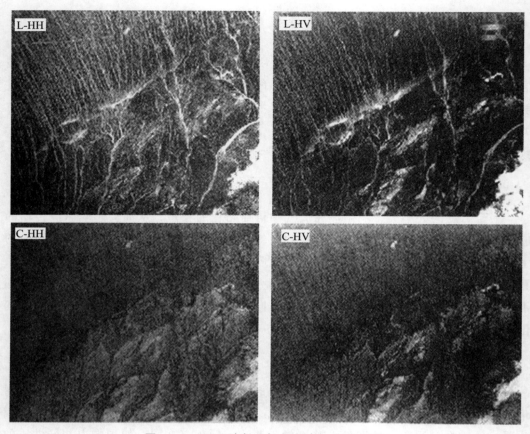

图 9-21　　不同波长和极化方式的 SAR 图像

地物表面的粗糙度是决定雷达回波信号强弱的基本因素。地表的光滑程度决定了它对电磁波的反射形式。若地面目标是光滑的，则它对入射到其表面的电磁波产生镜面反射作用，使回波信号很弱，此时地面目标在雷达图像上呈现暗色调。若地面目标是粗糙的，则它对入射到其表面的电磁波产生漫反射或方向反射，回波信号相对较强，此时地面目标在雷达图像上呈现浅色调。

4. 复介电常数

复介电常数是表示物体导电、导磁性能的一个参数。复介电常数越大，反射雷达波束的作用越强，穿透作用越小。复介电常数相对于单位体积内的液态水含量呈线性变化。水分含量越低，雷达波束穿透力越大，此时反射小；当地物含水量大时，穿透力就大大减小，而反射能量大增。在雷达图像解译中，含水量常常是复介电常数的代名词。一般情况下，金属物体比非金属物体的复介电常数大；潮湿的土壤比干燥的土壤复介电常数大。复介电常数大的物体比复介电常数小的物体在雷达图像上色调浅。

5. 硬目标

具有较大的散射截面，在侧视雷达图像上呈亮白色影像的物体统称硬目标。与雷达波方向垂直的金属板、略呈圆拱形的金属表面、与入射方向垂直的线导体以及角反射物体等都为硬目标。

金属塔架、铁路、桥梁、飞机、坦克等在侧视雷达图像上是亮白色影像。高压输电线路除金属塔架在侧视雷达图像上为亮白色影像外，当线路与雷达波方向垂直时，也为亮白色线状影像。建筑物群中墙与地面、墙与墙之间也构成角反射器，使雷达波返回的可能性大大增加，因此，在侧视雷达图像上的街区式居民地、与侧视雷达波垂直的街道和成排的房屋色调很亮，如图9-22所示。单幢房屋在侧视雷达图像上也是较浅的色调。另外，当高于地面的堤、行树和沟堑等目标与雷达波垂直时，在侧视雷达图像上也呈线状的白色影像。

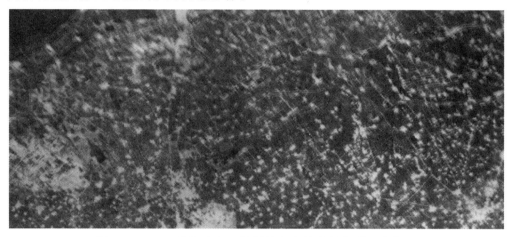

图 9-22　SAR 图像（角反射器的存在使建筑物群呈白色）

值得注意的是，硬目标都有很强的雷达回波，由于光晕的影响，在侧视雷达图像上的影像尺寸一般比按比例尺缩小的尺寸要大。

6. 极化方式

极化是指电磁波的偏振方式。水平极化是指电磁波的电场矢量与入射面（入射波与目标表面的法线所组成的平面）垂直。垂直极化是指电磁波的电场矢量与入射面平行。改变雷达发射天线的方向，就可以改变发射电磁波的极化方式。

若雷达发射的是水平极化方式的电磁波，则当这种电磁波与地物表面发生作用时，会使电磁波的极化方向产生不同程度的旋转，形成水平和垂直两个分量，可用不同极化方式的天线去接收，从而形成 HH 和 HV 两种极化方式的图像。若雷达发射的是垂直极化方式的电磁波，则同样可以接收到水平和垂直两个分量的信号，产生 VV 和 VH 两极化方式的图像。

地物在不同极化方式的雷达图像上所表现出的影像色调是不一样的。如图 9-21 所示，左边是 HH 图像，右边 HV 图像，它们的色调明显不同。一般地物在 HH 极化方式下回波信号最强。由于极化方式对目标回波强度影响较大，有时为了识别某些特定目标（如海浪、道路性质等），也采用正交极化方式（即 HV 或者 VH 方式）获取图像。

第 10 章　遥感图像分类与遥感制图

在遥感应用中，我们通过对图像的判读来识别影像上有何种地物，每种地物所占据的位置、面积大小如何。现在随着计算机的迅猛发展，能否把这种人工判读转变为计算机自动识别，这就是遥感图像的计算机分类需解决的问题。

遥感图像的计算机分类，是对遥感图像上的地物进行属性的识别和分类，是模式识别技术在遥感技术领域中的具体应用。分类的目的就是识别图像上地物的属性，以及该地物的一些其他信息。与遥感图像的目视判读技术相比，它们的目的是一致的，但方法不同。目视判读直接利用人类的自然识别能力，而计算机分类是利用计算机的一些方法来模拟人类的识别功能。尽管目前计算机分类并不能完全模拟人类的智能识别能力，但计算机对海量的遥感数据进行分类的快速性有其重要的价值。

10.1　遥感图像分类概述

10.1.1　计算机分类原理

同类地物在相同的条件（如光照）下应该具有相同或相似的光谱信息和空间信息特征。不同类的地物之间具有差异。根据这种差异，将图像中的所有像素按其质地不同分成若干个类别（class）的过程称为图像的分类。

遥感图像的计算机分类是把每个波段划分为若干个阈值，然后将这些阈值进行组合，每种组合都代表一种地物。然后对整幅图像逐个像素进行比对，实现对每个像素的分类。

为了简化，下面以遥感图像中的两个波段为例来进行说明。因为在通常情况下，同一类地物的光谱特性相同或者比较接近，因此在特征空间中这些点就会聚集在一起，多类地物在特征空间中形成多个点簇。如图 10-1 所示，先假设图像上只包含三类地物，记为 A、B、C。现在以波段 1 作为 x 轴，波段 2 作为 y 轴，这样构成的坐标系就是一个光谱特征空间。因为每一个像素都有波段 1 和波段 2 的亮度值，这样在图 10-1 的坐标中，就能点出每一个像素点。而且此时有些像素点在图像上是重合的，因为尽管像素点的位置不同，但光谱值却可以相同（例如 *A* 地物，在实际空间中占据两个空间，在光谱特征空间中只占据一个空间）。由于 *A*、*B*、*C* 是 3 种不同的地物，因此 *A*、*B*、*C* 在光谱空间中占据的区域不同，通过对该特征空间进行区域分割，如图中用线段分割成 3 个区域，这样就将图像中的不同地物区分开来，实现了分类的目的。

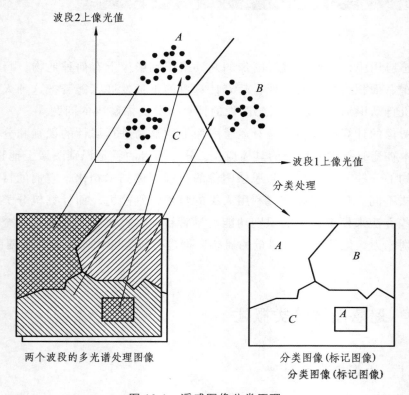

图 10-1　遥感图像分类原理

而在特征空间中的分类界限就是判别准则或者说判别函数。在上述分类中，分类界限可以不用直线来划界，这意味着判别函数可以不是简单的线性函数。因此，如何寻找较好的判别函数，使各类地物在特征空间中准确地被分割出来，成为遥感图像分类算法的核心问题。

其次，对于多光谱遥感，其波段数目较多，此时由光谱构成的特征空间不再是简单的二维或者三维空间，因此问题将变得很复杂，此时选择或者确定判别函数显得不容易，往往出现顾此失彼的现象。

10.1.2　像素的硬分类与软分类

根据一个像素被分到一个类还是多个类，可将遥感图像分类方法分为硬分类和软分类。图像上的一个像素只能被分到一个类的分类方法称为硬分类（hard classification）。而图像上的每个像素可以同时被分到两个或两个以上的类的分类方法，称为软分类（soft classification）。

硬分类有时可能不合理。因为有些像素可能同时具有两个类或多个类的性质。例如，在依据概率 P 值大小分类的最大似然分类中，假定一个像素属于 A 类的概率为 0.49，属于 B 类的概率为 0.51，那么它只能被分类为 B。这种分类显然有些呆板。

为了纠正上述分类方法，人们提出模糊分类或者模糊聚类。此时每个像素除了被分类外，还同时允许它在不同的两个或多个类中具有类隶属概率或部分隶属值。这种软分类方法是对硬分类不合理的一种解决办法。典型的软分类就是模糊分类或模糊聚类，传统的统计分类方法都是硬分类。

10.1.3 监督分类与非监督分类

目前在遥感计算机分类中，用得比较多的是监督分类和非监督分类。

非监督分类（unsupervised classification）是指人们事先对分类过程不加入任何的先验知识，仅设定分类的个数，凭遥感图像中地物的光谱特征，以计算机进行自然聚类的特性进行的分类。非监督分类结果只是区分了各类地物存在的光谱差异，但不能得出分类结果的属性。因此，在计算机进行完非监督分类后，类别的属性需要人们通过目视判谈或实地调查后给予确定。

监督分类（supervised classification）是人们首先根据已知样本的先验知识确定判别准则，构建判别函数，然后将每一个像素代入判别函数进行类别识别。在这个过程中，利用已知类别样本的特征值求解判别函数的过程称之为学习或训练。

10.2 非监督分类

非监督分类是指人们事先对分类过程不加入任何的先验知识，在没有类别判定函数的情况下，将所有样本划分为若干个类别的方法，也称聚类（Clustering）。

非监督分类方法很多，其中 K-均值方法和 ISODATA 方法是效果较好、使用最多的两种方法。很多遥感图像处理软件都含有这两种方法，聚类分析有两种实现途径：迭代方法和非迭代方法。迭代方法首先给定某个初始分类，然后采用迭代算法找出使准则函数取极值的最好聚类结果，因此聚类分析的过程是动态的。在遥感图像分类中，通常使用这种动态聚类方法。

在非监督分类中，主要采用聚类分析的思想和方法，即先把像素按照相似性归成若干类别。它的目标是：属于同一类别的像素之间的差异（距离）尽可能地小，而不同类别中像素间的差异尽可能地大。因为遥感图像的数据量很大，往往是海量数据，非监督分类使用的方法都是快速聚类方法。与统计学上的系统聚类方法不同，在进行聚类分析时不保存距离矩阵。

因为没有利用地物类别的先验知识，非监督分类只能先假定初始的参数，并通过预分类处理来形成类群。通过迭代使有关参数达到允许的范围为止。在特征变量确定后，非监督分类算法的关键是初始类别参数的选定。

非监督分类的一般流程如下：

（1）先确定初始类别参数，即先确定最初类别数和类别中心（点群中心）。

（2）计算每个像素所对应的特征向量与各点群中心的距离。

（3）选取与中心距离最短的类别作为这一向量的所属类别。

（4）计算新的类别均值向量。

（5）比较新的类别均值与初始类别均值，如果发生了改变，则以新的类别均值作为聚类中心，再从第（2）步开始进行迭代。

（6）如果点群中心不再变化，计算停止。

10.2.1　K-均值算法（K-means Algorithm）

K-means 算法也称 C-均值算法，其基本思想是：通过迭代，逐次移动各类的中心，直至得到最好的聚类结果为止。

K-means 聚类算法的过程如下：先随机选取 c 个对象作为初始的聚类中心。然后计算每个对象与各个种子聚类中心之间的距离，把每个对象分配给距离它最近的聚类中心。聚类中心以及分配给它们的对象就代表一个聚类。一旦全部对象都被分配了，每个聚类的聚类中心会根据聚类中现有的对象被重新计算。这个过程将不断重复直到满足某个终止条件。终止条件可以是以下任何一个：

（1）没有（或最小数目）对象被重新分配给不同的聚类。

（2）没有（或最小数目）聚类中心再发生变化。

（3）误差平方和局部最小。

现做具体说明，假设图像上的目标要分为 5 个类别，则 K-均值算法如下：

第一步：适当地选取 5 个类的初始中心 Z_1，Z_2，$\cdots$，Z_5，初始中心的选择对聚类结果有一定的影响。初始中心的选择一般将全部数据随机地分为 5 个类别，计算每类的重心，将这些重心作为 5 个类的初始中心。

第二步：在进行第一次迭代中，对每一个像素 X 按如下的方法把它调整到 5 个类别中的某一类中去，即

如果 $\|X - Z_i\| < \|X - Z_j\|$，表明 X 属于 Z_i 类。

第三步：在第二步，由于加入新元素，Z_i 的中心发生变化，要重新计算，此时

$$Z_{i新} = \frac{1}{N} \sum_{X \in Z_i} X$$

第四步：以新的中心再进行分类归属，如果没有新的对象被重新分配给其他的类，或者聚类中心不再发生改变，则迭代结束，否则转到第二步继续进行迭代。

K-means 算法是一个迭代算法，迭代过程中类别中心按最小二乘误差的原则进行移动，因此类别中心的移动是合理的。其缺点是要事先已知类别数，如果类别数设定得不好，那么所得的结果就不能正确反映图像的分类。在实际中，类别数通常根据实验的方法来确定。

10.2.2 ISODATA 算法

在大多数图像处理软件中，还有一种最常用的非监督分类算法，即迭代自组织数据分析算法（Iterative Self-Organizing Data Analysis Techniques Algorithm, ISODATA）。ISODATA 算法与 K-均值算法有两点不同：第一，它不是每调整一个样本的类别就重新计算一次各类样本的均值，而是在每次把所有样本都调整完毕之后才重新计算一次各类样本的均值，前者称为逐个样本修正法，后者称为成批样本修正法。第二，ISODATA 算法不仅可以通过调整样本所属类别完成样本的聚类分析，而且可以自动地进行类别"合并"和"分裂"，从而得到类数比较合理的聚类结果。

在 ISODATA 算法中，类别的"合并"和"分裂"很有意义。这说明在迭代过程中类别总数是可以改变的，克服了 K-means 算法的缺点。类别合并，意味着这两个类别相似程度很高，或者是某类的像元数太少，该类就要合并到最相近的类中去。类别的分裂也有两种情况：某一类的像元数太多，该类就要分裂成两类；或者类别总数太少，就要将离散型最大的一类分成两个类别。

ISODATA 算法描述如下：

第一步：给出下列控制参数：

K：希望得到的类别数；

θ_N：所希望的一个类中样本的最小数目；

θ_S：关于类的分散相度的参数，如用标准差来判断；

θ_N：关于类之间的距离参数，如用最小距离来设定；

L：每次允许合并的类的对数；

I：允许迭代的次数。

第二步：适当地选取 N_c 个类的初始中心。

第三步：把所有样本 X 按如下的方法分到 N_c 个类别中的某一类中去：

即如果 $\|X-Z_j\| < \|X-Z_i\|$，则 $X \in S_j$，其中 S_j 是以 Z_j 为中心的类。

第四步：如果 S_j 类中的样本数小于 θ_N，则去掉该类，$N_c = N_c - 1$，返回第三步。

第五步：按下面公式，重新计算各类的中心。

$$Z_j = \frac{1}{N_i} \sum_{X \in S_j} X \quad (j = 1, 2, \ldots, N)$$

第六步：计算 S_j 类内的平均距离

$$\bar{D}_j = \frac{1}{N_j} \sum_{X \in S_j} \|X - Z_j\| (j = 1, 2, \cdots, N)$$

第七步：计算所有样本离开其相应的聚类中心的平均距离。

$$\bar{D} = \frac{1}{N} \sum_{j=1}^{N_c} N_j \bar{D}_j$$

式中：N 为样本总数。

第八步：如果迭代次数大于允许迭代的次数 I，则转向第十二步，检查类间最小距离，判断是否进行合并。

如果 $N_c < K/2$，则转向第九步，检查每类中各分量的标准差（分裂）。

如果迭代次数为偶数，或者 $N_c > 2K$，则转向第十二步，检查类间最小距离，判断是否进行合并。否则则转向第九步。

第九步：计算每类中各分量的标准差。

$$\delta_{ij} = \sqrt{\frac{1}{N_j} \sum_{X \in S_j} (x_{ik} - z_{ij})^2}$$

上式中：i 为样本 X 的维数；j 为类别数；k 为 S_j 类中的样本数；x_{ik} 为第 k 个样本的第 i 个分量；z_{ij} 为第 j 个聚类中心 Z_j 的第 i 个分量。

第十步：对每一个聚类 S_j，找出标准差最大的分量 $\delta_{j\max}$：

$$\delta_{j\max} = \max(\delta_{1j}, \quad \delta_{2j}, \cdots, \delta_{nj}), \quad j = 1, 2, \cdots, N_c$$

第十一步：如果下述条件 1 和条件 2 有一个成立，则把 S_j 分裂成两个聚类，两个新类的中心分别是 Z_j^+ 和 Z_j^-。原来的 Z_j 取消，使 $N_c = N_c + 1$，然后转向第三步，重新分配样本。其中

条件 1：$\delta_{j\max} > \theta_s$ 且 $\bar{D}_j > \bar{D}$，且 $N_j > 2$（$\theta_N + 1$）；

条件 2：$\delta_{j\max} > \theta_s$，且 $N_c \leqslant \dfrac{K}{2}$；

$Z_j^+ = Z_j + r_j$，$Z_j^- = Z_j - r_j$，$r_j = k\delta_{j\max}$，k 是人为给定的常数，且 $0 < k \leqslant 1$。

第十二步：计算所有聚类中心两两之间的距离。

$$D_{ij} = \|Z_i - Z_j\| \quad (i = 1, 2, \cdots, N_c - 1;\ j = i + 1, \cdots, N_c)$$

第十三步：比较 D_{ij} 和 θ_c，把小于 θ_c 的 D_{ij} 按由小到大的顺序排列。

$$D_{i_1 j_1} < D_{i_2 j_2}, \cdots, < D_{i_L j_L}，其中 L 为每次允许合并的类的对数$$

第十四步：按照 $l = 1, 2, \cdots, L$ 的顺序，把 $D_{i_l j_l}$ 所对应的两个聚类中心 Z_{i_l} 和 Z_{j_l} 合并成一个新的聚类中心 Z_l^*，并使

$$N_c = N_c - 1，\quad Z_l^* = \frac{1}{N_{i_l} + N_{j_l}}(N_{i_l} Z_{i_l} + N_{j_l} Z_{j_l})$$

在对 $D_{i_l j_l}$ 所对应的两个聚类中心 Z_{i_l} 和 Z_{j_l} 进行合并时，如果其中至少有一个聚类中心已经被合并过，则越过该项，继续进行后面的合并处理。

第十五步：若迭代次数大于 I，或者迭代中的参数的变化在差限以内，则迭代结束。否则转向第三步继续进行迭代处理。

10.2.3 模糊聚类算法

设有 n 个样本，记为 $\boldsymbol{U} = \{U_i, i = 1, 2, \cdots, n\}$，要将它们分成 m 类，这一过程相当于求一个划分矩阵 $\boldsymbol{A} = [a_{ij}]$，其中

$$a_{ij} = \begin{cases} 1, & 表示第 j 个样本属于第 i 类 \\ 0, & 否则 \end{cases}$$

矩阵 $\boldsymbol{A}$ 称作样本集 $\boldsymbol{U}$ 的一个划分，显然不同的 $\boldsymbol{A}$ 对应样本集 $\boldsymbol{U}$ 上不同的划分，不同的 $\boldsymbol{A}$ 会给出了不同的分类结果。把对样本集 $\boldsymbol{U}$ 的所有划分称作 $\boldsymbol{U}$ 的划分空间，记为 $\boldsymbol{M}$。这样聚类过程就是从样本集 $\boldsymbol{U}$ 的划分空间 $\boldsymbol{M}$ 中找出最佳划分矩阵的过程。

在实际问题中，确定样本归属的问题存在一定的模糊性，因此分类矩阵一般是一个模糊矩阵，即 $\boldsymbol{A} = [a_{ij}]$ 满足以下条件：

（1）$a_{ij} \in [0,1]$，它表示样本 $\boldsymbol{U}$ 属于第 i 类的隶属度。

（2）$\boldsymbol{A}$ 中每列元素之和为 1，即一个样本对各类的隶属度之和为 1。

（3）$\boldsymbol{A}$ 中每行元素之和大于 0，即表示每类不为空集。

以模糊矩阵 A 对样本集 U 进行分类的过程称作软分类。为了得到合理的软分类，定义聚类准则如下：

$$J_b(A, V) = \sum_{k=1}^{n} \sum_{i=1}^{m} (a_{ik})^b \cdot \| U_k - V_i \|^2$$

式中：A 为软分类矩阵；V 表示聚类中心；m 为类别数；n 为样本数，$\| U_k - V_i \|$ 表示样本 U_j 到第 i 类的聚类中心 V_i 的距离（如欧氏距离等等）；b 为权系数，b 值越大，分类越模糊，一般情况下 $b \geq 1$，当 $b=1$ 时就是硬分类。

在聚类准则最优的情况下，可以求得软划分矩阵和聚类中心，当 $b>1$ 和 $U_k \neq V_i$ 时，可用下面的公式求 a_{ij} 和 V_i：

$$a_{ij} = \cfrac{1}{\sum\limits_{k=1}^{m} \left(\cfrac{\| U_j - V_i \|}{\| U_j - V_k \|} \right)^{\frac{2}{b-1}}} \quad i \leq m, \ j \leq n \qquad （10\text{-}1）$$

$$V_i = \cfrac{\sum\limits_{k=1}^{n} (a_{ik})^b U_k}{\sum\limits_{k=1}^{n} (a_{ik})^b}, \quad i \leq m \qquad （10\text{-}2）$$

具体计算步骤如下：

第一步：给出初始划分 A；

第二步：按照（10-2）式计算聚类中心 $V_i (i=1, 2, \cdots, m)$。

第三步：根据 V_i 和（10-1）式计算出新的分类矩阵 A^*。

第四步：如果 $\max\{a_{ij}^* - a_{ij}\}$ 小于某一阈值，则 A^* 和 V 即为所求。否则转到第二步，继续进行迭代处理。

第五步：以模糊矩阵 A^* 为基础对样本集 U 中的样本进行分类。方法之一就是将 U_j 分到 A^* 的第 j 列中数值最大的元素所对应的类别中去。

10.2.4 相似性度量

在上述方法中，都要使用距离这个概念。这种距离实际上是在特征空间已经存在的情况下，每个像素之间的相似程度。距离近的表明两个类之间，或者两个像素之间很相似；距离远的表示不相似。

因此，距离是判定相似性的度量工具。分类是确定像素距离哪个点群中心较近，或落入哪个点群范围可能性大的问题。像素与点群的距离越近，那么属于该点群的可能性越高。按照一定的准则，当距离小于一定值时，像素被划分给最近的点群。

每个点群为一个类。

根据距离的分类是以地物光谱特征在特征空间中以点群方式分布为前提的。也就是说，假定不知道特征的概率分布但认为同类别的像素在特征空间内完全呈现成集群，每个集群都有一个中心。这些集群内点的数目越多，亦即密度越大或点与中心的距离越近，就越可以肯定它们是属于一个类别。所以点间的距离成为重要的判断参量。

同一类别中点间的距离一般来说比不同类别点间距离要小。一个点属于某一类，则该点到该类的中心距离要小于到其他类的中心距离。因此，在集群中心已确定的情况下，以每个点到这些类别中心的距离作为判定的准则，距离最小即为该点属于这一类，这样就可以完成分类工作。

这就是说，运用距离判别函数时，要求各个类别点群的中心位置已知。对于光谱特征空间中的任何一点 K，计算它到各个中心点的距离，如果 $d_i = \min\{d_k, k = 1, 2, \cdots, N\}$，则该点属于第 i 类，而不属于其他类。

常用的距离有下面几种。

1. 绝对距离

$$d_{ik} = \sum_{j=1}^{p} \left| x_{ij} - M_{jk} \right|$$

式中：d_{ik} 为当前像素 i 到类 k 的距离；p 为波段个数；x_{ij} 为像素 i 在 j 波段的亮度值；M_{jk} 为类 k 在波段 j 的数值。从上述公式可以看出，绝对距离公式使用数学中的绝对值概念，对各个波段进行绝对值求和，由于对各波段使用的权重系数都为 1，因此也称为等混合距离。该公式比较简单，而且便于理解，在分类中经常使用。

2. 欧氏距离

欧氏（Euclidean）距离是平面上两点之间的距离，应用也最广。

$$d_{ik} = \sqrt{\sum_{j=1}^{p} \left(x_{ij} - M_{jk} \right)^2}$$

欧氏距离中各特征参数也是等权的。在使用绝对距离和欧氏距离时，需要注意以下问题：

（1）特征参数需要进行标准化。

例如，若选择某个波段亮度值和某种波段亮度比值作为两个特征参数，此时就会出现问题。因为波段的亮度值通常是整数，而且都很大；而比值常为大于 0 小于 1 的小数，将这样两个数量级相差很大的参数以同等的权重组合起来，只能突出绝对值大的特征参数的作用，而绝对值小的特征参数基本不起作用。因此，为了克服这种毛病，在进行分类前要对数据进行标准化。

（2）特征参数间的相关性。

特征参数间通常是相关的。相关意味着特征参数在表征地物特征方面有共性。若特征参数中的大部分相关性较强，而个别的相关性不大，则一般来说相关的参数和不相关的参数在距离中的权重是不一样的，但在上述公式中权重都是 1，是相同的。因此需要克服这一毛病，可以先将特征参数进行一定的线性变化，使它们之间成为线性无关，或者采用下面的马氏距离解决这个问题。

3. 马氏距离

马氏距离（Mahalanobis）是一种加权的欧氏距离，它通过协方差矩阵来考虑变量的相关性。这是由于在实际中，各点群的形状可以看成大小和方向各不相同的椭球体，如图 10-2 所示。

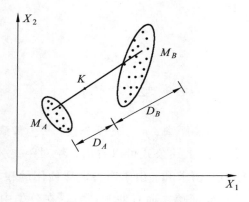

图 10-2　马氏距离

在图 10-2 中，尽管 K 点距 A 点集群的距离比距 B 点集群的距离要小，但由于 B 点群比 A 点群离散得多，因而把 K 点划入 B 类更合理。加权的权重与计算的距离与各点群的方差有关。方差越大，计算的距离就越短。如果各个点群具有相同的方差，则马氏距离是欧氏距离的平方。

10.3　监督分类

在遥感图像的非监督分类中，由于没有人为干扰，所以只是在聚类分析之前人为设定了分类的个数，而聚类中心是由计算机随机选取的。例如，当你对一幅影像进行非监督分类时，人为地设定为 7 类或设定为 8 类，此时聚类中心就发生巨大的变化，这样不仅分类结果不同，而且分类精度也大不相同。分为 8 类的遥感影像精度未必比分为 7 类的遥感影像精度要好。为了提高分类精度，人们想到了监督分类方法。这种分类的本质是：人们根据自己的先验知识，先选择某些地物的标准像素作为聚类中心，这样就可以大幅提高分类的精度。

由上述可见，遥感图像的监督分类的基本思想是：首先根据类别的先验知识（人们的目视判读）来确定判别函数和相应的判断准则，利用一定数量的已知类别的样本作为训练样本；然后将未知类别的样本与这些训练样本比对，哪个距离最近或者最为相似，就把未知像素定为该类。

监督分类的基本过程是：首先根据已知的样本类别和类别的先验知识确定判别准则，计算判别函数，然后将未知类别的样本值代入判别函数，依据判别准则对该样本所属的类别进行判定。例如，在真彩色 TM 影像中，水域呈现蓝色，此时可以在水域位置中选择一些像素作为水体的标准样本，计算机根据这些像素的样本建立起水体的判别准则，与这些像素颜色接近的未知像素可以判定为水体。在这个过程中，利用已知类别样本的特征值求解判别函数的过程称之为学习或训练。监督分类的算法很多，比较常见的有基于最小错误概率的 Bayes 分类算法、子空间分类算法和概率松弛算法等。

在监督分类中，样本训练区的选择非常重要。这是提高分类精度最为关键的一步。下面讲述训练区的选择与训练区的调整。

10.3.1　训练区的选择

训练区是用来确定图像中已知类别像素特征的。因此在遥感图像上，我们可先勾绘各类典型地物的分布范围，即确定每一种类型的训练区。选取训练区需要根据我们的先验知识，参考各种数据，选出最有代表性和光谱特征比较均一的像素作为训练区。

选择训练区时应注意以下几个问题：

（1）训练区必须具有典型性和代表性，即所含类型应与研究地域所要区分的类别一致。训练区的样本应在面积较大的地物中心部分选择，而不应在地物混合区域或者类别的边缘选取，以保证样本特征具有典型性，从而能进行准确的分类，提高分类精度。

（2）训练区确定后可通过直方图来分析样本的分布规律和可分性。一般要求单个类型训练区的直方图是单峰，且近似于正态分布的曲线。如果是双峰，往往表明是混合类别，需要重新选择训练区。

（3）训练样本的数目。训练样本数据用来计算类均值和协方差矩阵。根据概率统计，协方差矩阵的导出至少需要 $K+1$ 个（K 是多光谱空间的分量个数）样本，这个数是理论上的最小值。在实际应用中，为了保证参数估计结果比较合理，样本数应当适当增多，这样得到的协方差矩阵更加符合要求。

10.3.2　训练区的调整

在监督分类中，选好训练区并进行不断调整与优化具有重要意义。选取的样区不同，分类结果就会有差异，而且差异很大。

每一类别应选取一块以上分布在图像不同部位的训练区，但切勿选到过渡区或其他类别中。每个样区的样本数（即像素数）视该类别分布面积大小而定。每类的总体样本数不能太少，至少应超过变量数，否则会降低分类的精度。初选后应进行仔细的检验和反复的调整。下面给出一些具体的办法：

（1）对初选的训练样区进行统计分析，从统计数据或光谱曲线图中观察各样区的光谱特征是否符合该种类的一般光谱变化规律，剔除那些离散性过大的样本。

（2）检查各类样本的聚类中心分布状况。如果各类别的聚类中心较分散，而同类样本都聚集在该类中心周围，则表明这些样本都比较纯，代表性高。如果情况相反，则说明选择的训练区存在问题，对样本要重新选择，或者剔除。

（3）训练样区经过初步调整优化后进行样区分类检验，并分析分类检验报告，对某些分类精度不高的样本应该做进一步的调整优化，直至检验报告中错分率降低为止，此时表明优化训练样区的工作基本完成，可以对研究区的整幅图像进行监督分类了。

由于训练样区的选择基础是像素的颜色特征信息，因此这种监督分类面对同物异谱或者异物同谱现象无法区分，因此分类精度有一定的局限性。

事实上，遥感图像的其他分类方法也存在这样的错分和漏分现象，分类精度能达到 60%已经很不错了。但是无论监督分类还是非监督分类，利用计算机能够快速处理海量图像是它们最大的优点。在实际应用中，我们往往是先通过计算机进行一定的粗分类，然后再对分类后的影像做一些后期纠正即可。

10.4　遥感制图

随着测绘技术和计算机技术的结合与不断发展，地图不再局限于以往的模式，现代数字地图主要有 DOM（数字正射影像图）、DEM（数字高程模型）、DRG（数字栅格地图）、DLG（数字线划地图）四种类型。

其中 DOM 就是通过遥感影像制作的。遥感影像的快速获取，导致现代地图可以不再是过去那种仅由抽象的点、线、面构成的地图。在遥感影像中，加入地图的数学基础后，遥感地图不仅具有真实性，而且还具有普通地图的可量测性。并且遥感影像中的地物是真实地物的正射影像，因此遥感地图比普通地图内容更加客观真实，信息量更多，直观性更强。

10.4.1 遥感影像地图的一般特征

遥感影像地图是以遥感影像和一定的地图符号来表现制图对象地理空间分布和环境状况的地图。在遥感影像地图中，图面内容即为遥感影像，辅以一定的地图符号来表现或说明制图对象，与普通地图相比，影像地图具有丰富的地面信息，内容层次分明，图面清晰易读，充分表现出了影像与地图的双重优势。遥感影像地图按其表现内容分为普通影像地图和专题影像地图。这与普通地图的功能和划分一致。

与普通地图相比，遥感影像地图具有以下明显的特征：

（1）丰富的信息量：它与普通线划地图相比，没有信息空白区域，彩色影像地图的信息量远远超过线划地图。利用遥感影像地图，人们可以得到大量的地图信息内容，这是普通地图无法比拟的。

（2）直观性与形象性：遥感影像是制图区域地理环境与制图对象进行"自然概括"后的构像，通过正射投影纠正和几何纠正等处理后，它能够直观形象地反映地势的起伏、河流蜿蜒曲折的形态，增加了影像地图的直观性与形象性。

（3）具有一定数学基础：经过投影纠正和几何纠正处理后的遥感影像，每个像素都具有自己的坐标位置，这样可以像普通地图那样，根据地图比例尺与地理坐标网进行量测。

（4）现势性强：遥感影像获取地面信息快，成图周期短，能够反映制图区域当的状况，具有很强的现势性，对于人迹罕至地区，如沼泽地、沙漠，更能显示出遥感影像地图的优越性。

10.4.2 DOM（数字正射影像图）

数字正射影像图是利用数字高程模型（DEM），对航空像片或卫星影像逐像元进行投影差改正、镶嵌，按照国家基本比例尺地形图图幅范围要求剪裁生成的遥感影像图。

数字正射影像具有精度高、信息丰富、直观形象等优点，可作为地图分析背景控制信息，也可从中提取自然资源和社会经济发展的历史信息或最新信息。DOM是数字的，在计算机上可局部开发放大，具有良好的判读性能与量测性能和管理性能。

同时 DOM 可作为独立的背景层与地名注名、坐标注记、经纬度线、图廓线公里格、公里格网及其他要素层复合，制作各种专题图。

数字正射影像的制作有一套严格的制作流程，这里不做详细介绍。图 10-3 即为一幅已经纠正好的数字正射影像图。

图 10-3　数字正射影像图（DOM）

第 11 章　高光谱遥感与偏振光遥感

随着对地观测技术的迅猛发展、先进技术的不断提高和应用，高光谱遥感以及偏振遥感（极化遥感）得到了越来越多的应用。利用这些手段获得的遥感影像，从中可以获取更多的电磁波信息。人们通过这些信息，可以更加细致地感知地物，作为本书的最后一章，本章就高光谱遥感与偏振光遥感的基本知识、各自特点以及它们的主要应用进行介绍。

11.1　高光谱遥感的特点

11.1.1　高光谱遥感的优点

高光谱遥感是高光谱分辨率遥感（Hyperspectral Remote Sensing）的简称。它的传感器由特殊的成像光谱仪组成，而这个光谱仪能在波长范围为 10 nm 这么窄的波段做光谱测量。这样高光谱遥感可以收集到上百个非常窄的光谱信息。

下面举一个简单的例子，来感受高光谱遥感的优点。我们知道对于 TM 影像或者 QuickBird 影像，它们在红波段（630~690 nm）只采集一个光谱值。假设有三个地物 A、B、C，它们的光谱反射率如图 11-1 所示。在这个波段，地物 A 的光谱反射率在下降，从 0.6 下降到 0.2；而地物 B 保持在 0.4，没有变化；地物 C 的光谱在上升。由于 TM 在这个波段只采集一个光谱值，即获得的为这个波段的均值，因此这 3 个地物表现在 TM 影像上，都是 0.4。尽管地物 A、B、C 光谱有明显的区别，但在 TM 影像上，这三个地物却无法区分开来。

但如果利用高光谱遥感，由于它可以在很窄的波段上测量，可以把这个红波段（630~690 nm）再划分成 3 个波段（630~650 nm，650~670 nm，670~690 nm），高光谱遥感可以在这 3 个波段分别获取数据。此时地物 A 获得的数据不再是一个，而是三个光谱值（0.533，0.4，0.267）；同理，地物 B 的光谱值为（0.4，0.4，0.4），地物 C 的光谱值为（0.267，0.4，0.533）。此时在高光谱遥感中，地物 A、B、C 就可以得到很好的区分。这就是高光谱遥感比普通遥感识别能力强的原因，也是高光谱遥感成像的优点。

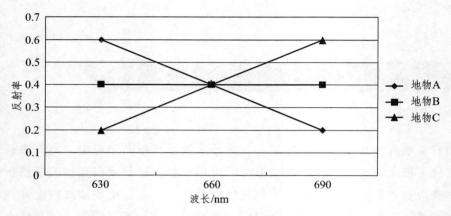

图 11-1　高光谱遥感的特点

　　从上面简单的例子可以看出，高光谱遥感的本质是通过加密波段数，从而获得地球表面地物更多、更详细的电磁波谱信息，因此对地物的精确识别提供了可能。

　　1999 年 12 月 18 日，美国发射了一颗名为 TERRA（拉丁语"地球"的意思）的卫星，其主要目的就是观测地球表面。MODIS 就是搭载在 TERRA 卫星上的一个重要的传感器。

　　MODIS 的全称为中等分辨率成像光谱仪（Moderate-resolution Imaging Spectra Radiometer），它有 36 个离散光谱波段，光谱范围从 400 nm 到 14 400 nm 全光谱覆盖，其地面分辨率为 250 m、500 m 和 1 000 m，扫描宽度为 2 330 km。

　　相比于 TM 影像，MODIS 光谱分辨率大大提高，它有 36 个波段，这种多通道观测获得的数据大大增强了人们对地球复杂系统的观测能力和对地表类型的识别能力。而 TM 影像仅有 7 个波段的数据。目前，MODIS 的多波段数据可以同时提供反映陆地表面状况、云边界、云特性、海洋水色、浮游植物、生物地理、化学、大气中水汽、气溶胶、地表温度、云顶温度、大气温度、臭氧和云顶高度等特征的信息。这是高光谱遥感在航天遥感发展中的一大突破。

11.1.2　高光谱遥感的缺点

　　高光谱遥感尽管有以上优点，但它面临的一个突出的问题就是混合像元的问题。因为当波段分得越细的时候，感光元件获得的光信号就越弱。为了增强光信号，那么只能降低地面空间分辨率。大家可能注意到，MODIS 卫星的地面分辨率最好也仅为 250 m，更差的还有 1 000 m。

　　传感器所获取的地面反射或发射光谱信号是以像元为单位记录的。一个像元内仅包含一种类型的地物，这种像元称为纯像元。然而，多数情况下一个像元内往往包含多种地物类型，这种像元就是混合像元。混合像元记录的是多种地物类型的综合光谱信息。一幅影像上混合像元的多寡与影像的空间分辨率有直接关系。影像的空间分辨率越高，混合像元出现的概率越小。例如 QuickBird 卫星，其地面分辨率仅为 0.61 m，其影像中地面 0.61 m×0.61 m 方形区域中存在多种地物的可能性是很小的，但地面 250 m×250 m 方形区域中存在多种地物的可能性却是很大的。这样高光谱遥感接收的信息大多都是混合地物的信息。

因此在利用 MODIS 卫星数据时，需要高分影像的帮助，如 IKONOS 与 QuickBird。MODIS 卫星提供高光谱数据，而 IKONOS 提供高空间分辨率数据，必要时要进行多种信息的空间融合和光谱融合。

另外，混合像元的存在是影响识别分类精度的主要因素之一，特别是对线状地类和细小地物的分类识别影响更为突出。目前，解决这一问题的办法是通过一定方法找出组成混合像元的各种典型地物的比例。

11.2 偏振光遥感

11.2.1 反射光中的偏振现象

1808 年，马吕斯（E.L.Malus）发现了光在两种介质界面反射时的偏振现象，随后菲涅耳（A.J.Fresnel）和阿喇果（D.Arago）对光的偏振现象和偏振光的干涉进行了研究，导致杨氏（T.Young）在 1817 年提出光是一种横波的理论。这在光学发展史上起了极其重要的作用。

由于人眼等光学接收器不能鉴别光的偏振态，因此偏振现象比较难以观察。在研究光的偏振现象时，需应用一些特殊器件。同时，光的偏振比光的其他现象如干涉和衍射更抽象，因此在 20 世纪的 60 年代以前它的应用不怎么广泛。然而从 20 世纪 60 年代起，特别是激光的产生、遥感卫星的上天，人们开始利用电磁波的种种特性来研究地球表面的各种地物信息及空间结构特征。此外，偏振对地物的二向性反射也有很大的影响。

在这一部分，我们首先用麦克斯韦的电磁理论分析岩石表面反射光的偏振问题。为此，需要提一下麦克斯韦的电磁理论，然后由它求出反射光，再根据所得结果分析岩石表面反射光的偏振问题。

当光倾斜地入射到岩石表面上时，一部分将发生反射，另一部分将折射入岩石内部。设 α 为入射角，β 为折射角，则包括入射光、反射光、折射光的平面构成入射面（图 11-2）。不管入射光本身的振动方向怎样，它的电矢量总可以分解为垂直于

入射面的分量 $E_{10\perp}$ 和平行于入射面的分量 $E_{10=}$。设相应的反射光电矢量的分量为 $E'_{10\perp}$ 和 $E'_{10=}$，相应的折射光电矢量的分矢量为 $E_{20\perp}$ 和 $E_{20=}$。

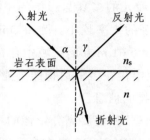

图 11-2　光的反射和折射（图平面为入射面）

根据麦克斯韦方程组

$$\nabla \cdot \boldsymbol{D} = \rho$$

$$\nabla \times \boldsymbol{E} = -\frac{\partial \boldsymbol{B}}{\partial t}$$

$$\nabla \cdot \boldsymbol{B} = 0$$

$$\nabla \times \boldsymbol{H} = \boldsymbol{J} + \frac{\partial \boldsymbol{D}}{\partial t}$$

和物质方程组：

$$\boldsymbol{D} = \varepsilon \boldsymbol{E} \quad (\varepsilon \text{ 为介电常数})$$

$$\boldsymbol{E} = \mu \boldsymbol{H} \quad (\mu \text{ 为磁导率})$$

$$\boldsymbol{J} = \sigma \boldsymbol{E} \quad (\sigma \text{ 为电导率})$$

加上两个媒质交界面上电磁场的边值关系，可以推导出光在倾斜入射时的反射和折射强度公式，即菲涅耳（A.J.Fresnel）公式。菲涅耳公式如下：

$$E'_{10\perp} = -\frac{\sin(\alpha - \beta)}{\sin(\alpha + \beta)} E_{10\perp} \tag{11-1}$$

$$E'_{10=} = \frac{\tan(\alpha - \beta)}{\tan(\alpha + \beta)} E_{10=} \tag{11-2}$$

$$E_{20\perp} = \frac{2\cos\alpha \sin\beta}{\sin(\alpha + \beta)} E_{10\perp} \tag{11-3}$$

$$E_{20=} = \frac{2\cos\alpha \sin\beta}{\sin(\alpha + \beta)\cos(\alpha - \beta)} E_{10=} \tag{11-4}$$

式（11-1）和（11-2）称为岩石的"振幅反射率"公式；式（11-3）和（11-4）

称为岩石的"振幅透射率"公式。

首先，考察公式（11-1）和（11-2），它们表明，交界面对于入射光的两个分量（$E_{10\perp}$ 和 $E_{10=}$ ）的物理作用并不相同。不论入射光的偏振状态如何，由于交界面总是把它的 $E_{10\perp}$ 按（11-1）式反射，而把它的 $E_{10=}$ 按（11-2）式反射，然后 $E'_{10\perp}$ 和 $E'_{10=}$ 再合成反射光。由于两式中的反射系数不成相同比例，那么合成的反射光在横向与纵向就产生了差异，于是其偏振状态就与入射光的偏振状态不同了。这就是为什么反射光存在偏振的真正原因。

其次，比较（11-1）和（11-2）两式的系数，一般地说，$\left|\dfrac{\sin(\alpha-\beta)}{\sin(\alpha+\beta)}\right|$ 的值要比 $\left|\dfrac{\tan(\alpha-\beta)}{\tan(\alpha+\beta)}\right|$ 大，因此一般存在：$\left|E'_{10\perp}\right| > \left|E'_{10=}\right|$。这样，反射光是垂直入射面振动占优势的部分偏振光。而且进一步分析，随着入射角 α 值的增大，反射光中的垂直入射面的光振动所占比例也加大，即反射光偏振程度增加。到某一特殊入射角 θ_b 时，此时 $\left|E'_{10=}\right|$ 存在最小值。即当 $\theta_b + \beta = 90°$ 时，$E'_{10=} = 0$。此时反射光全部是垂直入射面的光振动，即纯粹的直线偏振光。这个现象表明，反射光在入射面的那个方向上振幅在削弱，而在垂直于入射面的方向上振幅在增强，总是朝垂直与入射面的那个方向发生极化。

角 θ_b 又叫作起偏角或布儒斯特角。这是一种极端特例，即当光波以 θ_b 入射时，此时反射光和折射光的传播方向正好成直角。图 11-3 绘出了光波以起偏角 θ_b 射到交界面上的情况。此时反射光全部是垂直入射面的直线偏振光，振动方向垂直于图面，用黑点表示。此时折射光不是纯粹的直线偏振光，而是平行于入射面振动占优势的部分偏振光。

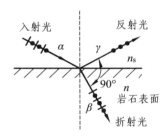

图 11-3　起偏角图解（当 $\alpha = \theta_b$ 时，此时反射光成了直线偏振光）

由以上分析可知，不论入射光的偏振状态如何，只要它以布儒斯特角入射到交界面上，反射光就必定是电矢量垂直于入射面的直线偏振光。当入射角在 θ_b 附近时，$\tan(\theta_b + \beta)$ 趋向于无穷大，因而 $E'_{10=}$ 很小，此时反射光接近直线偏振光。

上面的物理现象表明，当光波在物质表面入射时，其反射光都会产生一定的偏振作用。那么不同的物质表面，也就会产生不同特性的偏振光。利用这个特性可以提高影像的清晰度。得到更清晰的影像。

奥古斯汀-让·菲涅尔（Augustin-Jean Fresnel，1788年5月10日—1827年7月14日）

菲涅耳是法国物理学家和铁路工程师，被誉为"物理光学的缔造者"。1788年，菲涅耳生于布罗利耶。1806年，菲涅耳毕业于巴黎工艺学院，1809年又毕业于巴黎桥梁与公路学校。1823年，菲涅耳当选为法国科学院院士。1825年，菲涅耳被选为英国皇家学会会员。1827年，菲涅尔因肺病医治无效而逝世，终年仅39岁。

菲涅耳的科学成就主要有两个方面：一是衍射。他以惠更斯原理和干涉原理为基础，用新的定量形式建立了惠更斯-菲涅耳原理，完善了光的衍射理论。他的实验具有很强的直观性、明锐性。现在很多通行的实验和光学元件都冠有菲涅耳的姓氏，如双面镜干涉、波带片、菲涅耳透镜、圆孔衍射等。菲涅尔的另一成就是偏振。他与 D.F.J. 阿喇果一起研究了偏振光的干涉，1821年确定了光是横波。1823年他又发现了光的圆偏振和椭圆偏振现象，随后用波动说解释了偏振面的旋转。在偏振面的旋转中，他推出了反射定律和折射定律的定量关系，即菲涅耳公式，解释了马吕斯的反射光偏振现象和双折射现象，奠定了晶体光学的基础。

11.2.2　偏振特性在遥感图像中的应用

下面以植被为例，说明偏振成像的优点。图 11-4 和图 11-5 是在相同的光照条件下，同一片叶子的普通光谱（图 11-4）和偏振光谱（图 11-5）图像。在图 11-4 中，拍摄过程与常规拍摄过程相同；在图 11-5 中，拍摄前在镜头前加了偏振片，作用就是仅允许通过某一方向的光强（光能量），而其他方向的光强不允许通过。注意，由于加载的偏振片的方向可以是任意选择的，因此拍摄类似图 11-5 的影像可以有很多种可能，并且这些图片的效果与图 11-5 会有一定的差异。

图 11-4　叶子的普通光谱

图 11-5　叶子的偏振光谱

对比图 11-4 和图 11-5 的图像质量，可以发现在图 11-4 中，叶片总体泛白，同时叶片不够鲜绿，叶脉也不够清楚。而在图 11-5 中，叶片很绿，不存在泛白的现象，同时叶脉非常清晰。总体效果是图 11-5 的成像质量效果优于图 11-4 的效果。因此，可以利用偏振光谱来提高遥感图像的质量。

上述结果表明：在有些情况下植被的偏振图像的清晰度要优于普通光谱成像。这从它们的直方图特征也可以说明该问题。图 11-6 和图 11-7 分别是叶子在普通光谱和偏振光谱下红绿蓝三个波段对应的直方图。从成像的直方图对比来看，普通成像的红绿蓝三通道的直方图有很大的相似性，但是偏振成像的红绿蓝三通道的直方图却有明显的区别和反差。红绿蓝通道的相似性往往抹去了遥感图像中地物本身的一些特征信息，使图像对比度下降。

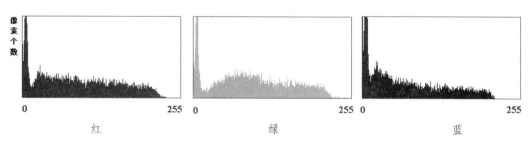

图 11-6 叶子的普通光谱在红绿蓝三个波段的直方图

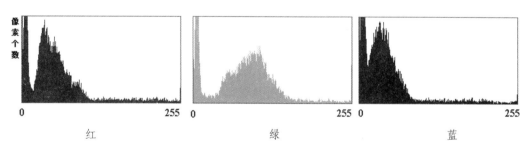

图 11-7　叶子的偏振光谱在红绿蓝三个波段的直方图

应用目前常用的图像处理方法对普通图像进行各种图像增强，其图像质量效果都无法与植被本身的偏振图像匹敌。图像增强的办法一般使用：亮度增强（减弱），对比度增强（减弱），图像的平滑和锐化。图 11-8 是利用亮度增强的办法，而图 11-9 是图像平滑后的图像。可以发现图像的增强处理后（图 11-8 和图 11-9）仅仅与原图像（图 11-4）有一定的差异，但是要想得到图 11-5 的这种成像质量，恐怕现有的各种数学和计算机的图像处理方法都无法实现。

图 11-8　亮度增强后的叶子的普通光谱

图 11-9　图像平滑后的叶子普通光谱

11.2.3　偏振成像的弱点

首先，植物的偏振光谱图像，尽管在成像质量上优于普通图像，但是也是有条件限制的，或者说有它自身的成像弱点，即在光亮度不够充分的情况下，不能使用偏振光谱图像。因为使用偏振片的时候，大约会过滤掉反射光的 40%~60%的光能量。这个变化还会随着偏振片的方向的不同而发生更明显的差异。如果在极端情况下，即线偏振光的情况下，能过滤掉反射光的 100%的能量。因此植被的偏振光谱图像要比同条件下的普通光谱图像要暗很多。因此在进行偏振成像时，需要增加曝光量。

其次，在实际应用中，普通遥感成像的时间都是当地时间上午 10：00 左右。此时太阳光（入射光）不是太强，成像质量要优于其他时间的图像。但对于偏振光谱图像，它需要更强的入射光能量，因此成像时间需要延后。这种延后对实际工作有好处也有坏处。好处是此时太阳高度角继续增大，入射角就要变小，那么遥感中的角度信息对成像的破坏力反而减弱，而且也减小了遥感成像中的阴影；坏处是植被长时间的受强光照射，会出现萎缩，此时因为地物本身的原因（如植被）导致图像质量有可能反而下降。因此在实际应用中，还要对这些问题进行详细的实验、观测、对比分析和研究。

参考文献

[1] 陈钦峦，等. 遥感与像片判读. 北京：高等教育出版社，1988.

[2] 陈述彭，赵英时. 遥感地学分析. 北京：测绘出版社，1990.

[3] 程乾生. 数字信号处理. 北京：北京大学出版社，2003.

[4] 杜道生，陈军，李征航. RS GIS GPS 的集成与应用. 北京：测绘出版社，1995.

[5] 冯纪武，潘菊婷. 遥感制图. 北京：测绘出版社，1991.

[6] 傅肃性. 遥感专题分析与地学图谱. 北京：科学出版社，2002.

[7] 郭德方. 遥感图像的计算机处理和模式识别. 北京：电子工业出版社，1987

[8] 华瑞林. 遥感制图. 南京：南京大学出版社，1990.

[9] 贾永红. 计算机图像处理与分析. 武汉：武汉大学出版社，2001.

[10] 李德仁，周月琴，金为铣. 摄影测量与遥感概论. 武汉：测绘出版社，2001.

[11] 刘丹. 计算机图像处理的数学和算法基础。北京：国防工业出版社，2005.

[12] 吕国楷，等. 遥感概论（修订版）. 北京：高等教育出版社，1995.

[13] 吕斯骅. 遥感物理基础. 北京：商务印书馆，1981.

[14] 梅安新，等. 遥感导论. 北京：高等教育出版社，2001.

[15] 彭望琭. 遥感数据的计算机处理与地理信息系统. 北京：北京师范大学出版社，1991.

[16] 濮静娟. 遥感图像目视解译原理与方法. 北京：中国科学技术出版社，1992.

[17] 仇肇悦，李军，郭宏俊. 遥感应用技术. 武汉：武汉测绘科技大学出版社，1995.

[18] 舒宁. 微波遥感原理，武汉：武汉大学出版社，2000.

[19] 孙家柄，舒宁，关泽群. 遥感原理、方法和应用. 北京：测绘出版社，1997.

[20] 汤国安，张友顺等. 遥感数字图像处理. 北京：科学出版社，2004.

[21] 童庆禧，张兵，邓兰芬. 高光谱遥感——原理、技术与应用. 北京：高等教育出版社，2006.

[22] 王润生. 图像理解. 长沙：国防科技大学出版社，1995.

[23] 汪国铎. 微波遥感. 北京：电子工业出版社，1989.

[24] 乌拉比. 微波遥感. 北京：科学出版社，1988.

[25] 夏德深，傅德胜. 现代图像处理技术与应用. 南京：东南大学出版社，2001.

[26] 谢寿生. 微波遥感技术与应用. 北京：电子工业出版社，1987.

[27] 荀毓龙. 遥感基础试验与应用. 北京：中国科学技术出版社，1991.

[28] 杨凯，等. 遥感图像处理原理和方法. 北京：测绘出版社，1988.

[29] 叶树华，任志远. 遥感概论. 西安：陕西科学技术出版社，1993.

[30] 张钧屏，等. 对地观测与对空监视. 北京：科学出版社，2001.

[31] 张永生. 遥感图像信息系统. 北京：科学出版社，2000.

[32] 张祖勋，张剑清. 数字摄影测量学. 武汉：武汉测绘科技大学出版社，1996.

[33] 章效灿，等. 遥感数字图像处理. 杭州：浙江大学出版社，1997.

[34] 章毓晋. 图像处理与分析基础. 北京：清华大学出版社，1999.

[35] 郑威，陈述彭. 资源遥感概要. 北京：中国科学技术出版社，1995.

[36] 周成虎，等. 遥感影像地学理解与分析. 北京：科学出版社，1999.

[37] 朱述龙，张占睦. 遥感图像获取与分析. 北京：科学出版社，2000.

[38] 庄逢甘，陈述彭. 卫星遥感与政府决策. 北京：宇航出版社，1997.

[39] 朱文泉，林文彭. 遥感数字图像处理原理与方法. 北京：高等教育出版社，2015.

[40] 约翰 R 詹森（JOHN R JENSEN）. 遥感数字影像处理导论. 4 版. 北京：机械工业出版社，2018.

[41] 刘丹丹，张玉娟. 遥感数字图像处理. 哈尔滨：哈尔滨工业大学出版社，2016.

[42] 邓书斌，陈秋锦，杜会建，等. ENVI 遥感图像处理方法. 2 版. 北京：高等教育出版社，2014.

[43] 张连蓬，李行，陶秋香. 高光谱遥感影像特征提取与分类. 北京：测绘出版社，2012.

[44] 晏磊，赵红颖，刘绥华，等. 遥感数字图像处理数学物理教程. 北京：北京大学出版社，2016.

[45] 赵忠明，孟瑜. 遥感图像处理. 北京：科学出版社，2014.

[46] 冯学智，肖鹏峰，赵书河，等. 遥感数字图像处理与应用. 上海：商务印书馆，2011.

[47] JOHN A RICHARDS. 遥感数字图像分析导论. 5 版. 北京：电子工业出版社，2015.

[48] 谷秀昌，付琨. SAR 图像判读解译基础. 北京：科学出版社，2017.

[49] 罗伯特 A 肖格温特. 遥感图像处理模型与方法. 5 版. 北京：电子工业出版社，2015.

[50] THOMAS，LILLESAND，RALPH W，等. 遥感与图像解译. 北京：电子工业出版社，2016.

[51] 周绍光，杨英宝，陈仁喜，等. 遥感与图像处理. 北京：国防工业出版社，2014.

[52] 李刚. 遥感影像处理综合应用教程. 武汉：武汉大学出版社，2017.

[53] 冯伍法. 遥感图像判绘. 北京：科学出版社，2014.

[54] 赵春晖，王立国，齐滨. 高光谱遥感图像处理方法及应用. 北京：电子工业出版社，2016